人人都是数据分析师系列

低代码打造RPA
Power Automate Desktop
基础实战

雷元 / 著

人民邮电出版社
北京

图书在版编目（CIP）数据

低代码打造RPA : Power Automate Desktop基础实战/
雷元著. -- 北京 : 人民邮电出版社, 2023.7（2023.11重印）
（人人都是数据分析师系列）
ISBN 978-7-115-60896-3

Ⅰ. ①低… Ⅱ. ①雷… Ⅲ. ①软件工具—程序设计
Ⅳ. ①TP311.561

中国国家版本馆CIP数据核字(2023)第012688号

内容提要

RPA 全称为 Robotic Process Automation（机器人流程自动化），是一种将重复流程进行自动化处理，高效、低代码连接不同业务系统和行业，实现办公流程自动化的解决方案。本书主要围绕使用 RPA 设计器——Power Automate Desktop 创建桌面流的基础操作展开，从而帮助职场人士提升办公效率。

全书共 8 章，包括 Power Automate Desktop，菜单、变量、条件与循环操作，Excel、文件与文件夹、Outlook 与电子邮件核心操作，PDF、文本与压缩核心操作，UI 元素入门，UI 自动化与浏览器自动化操作，分享与计划运行桌面流，以及综合示例。

本书操作步骤详细、指导性强，适合几乎任何与数据系统打交道的职场人士使用。只要你安装了 Windows 10 或 Windows 11 系统，就可以跟着本书学习 Power Automate Desktop，全面提升个人乃至组织的 RPA 数字化能力。

◆ 著　　　　雷　元
　责任编辑　郭　媛
　责任印制　王　郁　焦志炜

◆ 人民邮电出版社出版发行　　北京市丰台区成寿寺路 11 号
　邮编　100164　　电子邮件　315@ptpress.com.cn
　网址　https://www.ptpress.com.cn
　固安县铭成印刷有限公司印刷

◆ 开本：787×1092　1/16
　印张：11　　　　　　　　2023 年 7 月第 1 版
　字数：248 千字　　　　　2023 年 11 月河北第 3 次印刷

定价：79.80 元

读者服务热线：(010)81055410　印装质量热线：(010)81055316
反盗版热线：(010)81055315
广告经营许可证：京东市监广登字 20170147 号

序　一

机器人流程自动化（Robotic Process Automation，RPA）一般用于解决重复性工作的问题。国际数据公司（IDC）的研究数据表明，预计 2023 年全球 RPA 软件市场规模将达到 39 亿美元，2018 年 ~2023 年复合增长率也很高。

从技术本质上而言，RPA 以低代码方式将独立的应用程序数据连接在一起，行成海量数据，并持续地为企业提供数据资源。RPA 是 IT 发展进程的必然产物，这是由社会生产力的需求所决定的。

自 2019 年以来，RPA 技术在国内快速流行起来。2020 年，微软的 Power Automate 团队推出了 Power Automate Desktop。

Power Automate Desktop 是一款在 Windows 平台上运行的应用程序，可以模拟用户的鼠标单击和键盘输入操作的全过程。通过与 Excel 等应用程序的连接，Power Automate Desktop 提供了 400 余个预设动作，无需编写代码即可自动执行日常任务，让用户轻松实现操作自动化，从而节省时间，专注于更高价值的工作任务。

除了在 Windows 桌面的 Power Automate Desktop 功能，用户还可以通过 Power Automate 进行功能扩展，以获得更为全面的 RPA 体验。通过这种方式，用户可以通过共享流程使用拥有 400 余个连接器的云流，还可以借助 AI Builder 的功能实现更为灵活的自动化任务。此外，Power Automate 还可以集中管理所有创建的流程，并提供更为全面的流程跟踪、监控功能，从而帮助用户更好地掌控组织的工作流程。

从 2021 年开始，微软宣布 Power Automate Desktop 免费，并且将其作为 Windows 11 的内置安装，这极大地加速了 Power Automate Desktop 的发展。由此，我们于 2022 年成立了 Power Automate Desktop 社区，并在自媒体、视频网站以及社群上提供了大量的学习内容，开展了众多讲座，帮助更多的人了解和掌握 Power Automate Desktop 的使用方法。作为 Power Automate Desktop 的忠实粉丝，我们非常期待 Power Automate Desktop 社区在未来取得更大的发展，分享更多的经验和实践，促进 Power Automate Desktop 在自动化领的创新与发展。

雷元先生是一位拥有 20 多年 IT 和数据分析工作和培训经验的技术图书作者，曾获得微软最有价值专家的荣誉称号，并在 2018 年～2023 年创作了 9 本高质量的生产力工具图书。2021 年，他加入了微软创作技术互助社区（简称“微创社”）和 Power Automate Desktop 社区，我们保持着密切联系，并成为朋友，互相支持。他是一位以主动学习为驱动力的作者，他将 Power Automate Desktop 的使用经验总结下来并形成这本书。

雷元先生在这本书中，用浅显易懂的语言，结合实战经验，总结了常用的 Power Automate Desktop 组件，并提供了大量的案例，系统性地梳理各种场景下的业务流程，并以可视化的方式完整实现流程开发，旨在提升个人的数字化能力，最终为企业的数字化转型提供动力。具体而言，这本书能够帮助你：

- 全面深入地了解 Power Automate Desktop 的各种功能，特别是零代码功能；
- 探索更高级、更有价值的低代码功能，如内置的 Python、PowerShell 等，以及插件开发功能（已支持，未开放）；
- 开发自己的办公或生产流程，提高工作效率和品质；
- 为自己的职业生涯增加更多的可能性，不断拓展自己的知识和技能，从而实现更好的职业发展和个人成长。

无论你是公司管理人员、人力资源部经理、普通办公人员，或是 RPA 项目的产品经理、开发者，还是 RPA 卓越中心的参与者，相信读完此书，你都将收获良多，因此我十分愿意将这本书推荐给大家。

目前的 Power Automate Desktop 仍在快速迭代，每个月都会推出新的功能和特性。未来，微软的 RPA 与低代码平台等工具将更加紧密协同，为你提供更加全面和灵活的自动化解决方案，成为办公领域的重要自动化工具。这一切都可以从开发一个小小的流程开始。

祝你阅读愉快！

潘淳

微软技术俱乐部（苏州）执行主席

2023 年 2 月 18 日 于苏州

序　二

EAI（Enterprise Application Integration，企业应用集成）一直都是企业数字化转型中的重要一环，它标志着一个真正的数字化企业实现自动化运转。通俗的讲，EAI 主要用于实现自动化的跨系统的业务流程，即在各业务系统之间实现自动化的流程判别、消息传递及数据同步等，真正做到将企业的业务孤岛有机的连接起来。

EAI 并不是一个新概念，它的提出已经有十几年的时间了，同时在行业中也有很多软件系统帮助企业构建 EAI。EAI 的概念在提出之时，受到了各行业的高度关注，同时也有众多企业尝试构建 EAI，但在行业中却少有成功的案例。

EAI 的概念是正确的，但它却忽视了业务流程中一项非常不稳定却非常重要的因素——人，如果一个企业的所有业务流程都可以由高质量的业务系统承载，并且业务系统都具备丰富的 API，则 EAI 的构建将非常容易。但当业务流程中必须有人工参与时，EAI 则很难模拟人的判断和行为，那么构建起来则变得非常困难，这样的 EAI 往往变成了半成品或装饰品，难以给企业带来真正的价值提升。

RPA 的出现则瞄准了 EAI 系统的这一缺陷。随着人工智能的飞速发展，机器人正在更大程度地替代人工，它们已经可以轻松完成识别、发声、判断、操作系统等任务，将替换原有业务流程中的人工行为变为可能。

现在已有多种 RPA 系统问世，例如微软的 Power Automate Desktop，它们对人工行为的模拟可谓丰富多采、惟妙惟肖。例如 Power Automate Desktop 可以实现对图像的识别、信息的解析、系统 UI 操作等，同时也具备更强的功能优势，例如不知疲惫的循环，非工作时间的自动执行等。

Power Automate Desktop 的推出进一步推动了 RPA 行业的发展，其不仅具有丰富的生态环境、强大的技术支撑，同时又具备简单的操作设计，丰富的学习资源和社区，进一步降低了 RPA 推广的要求和门槛。Power Automate Desktop 在与其家族产品 Power Apps 和 Power BI 结合下，可以发挥出更多潜力。

说了那么多 RPA 的价值和优势，那么初学者应该如何学习 RPA 工具呢？纵观国内市场，关于 RPA 方面的图书的确琳琅满目，但可惜，目前大多数图书都是在管理高层的架构和理论知识基础上侃侃而谈，而真正落地能让用户上手的图书却屈指可数了。这给人一种只论临渊羡鱼，却不论退而结网的感觉。

幸运的是，雷元老师的著作《低代码打造 RPA——Power Automate Desktop 基础实战》这本书解决这一问题。这本书从 RPA 基础入门，完美地诠释了 Power Automate Desktop 的功能及特性，帮助读者真正掌握 RPA 技术，读者可以通过自助方式轻松理解、掌握并构建优秀的 RPA 系统，将自身从烦琐、重复的工作中解脱出来，实现更大的业务价值。

让我们共同期待 Power Automate Desktop 的更多功能，也更期待作者更多的新作问世。

金立钢

北京上北智信科技有限公司 CEO

前　言

多年前，我有幸在微软（Microsoft）爱尔兰分公司实习，角色是一名 UI 测试工程师，当时负责的是 Office XP 的多语言 UI 捕捉任务，即通过编写 VBScript 和一些内部脚本自动化实现各种 Office 用户应用场景，比如通过脚本单击打印窗格、激活替换对话框等场景。当时虚拟机应用还不盛行，机房中整齐摆放着一排排计算机，“7×24 小时”井然有序、不断地自动运行着各种预设脚本，捕捉弹窗，对比验证 UI 结果，由现在的术语定义，这应该就是有人值守的 RPA 应用吧。那时的我对发生的这一切只有两种朴素的感想：

- 看着自己编写的脚本可以“完美”地执行，心中的成就感油然而生；
- 看着规模化的批量脚本可以执行，对微软的领先技术的敬佩之情油然而生。

时间如白驹过隙，尽管“追风少年”已经不在，但那份记忆却犹存。偶然的缘分，让我多年后接触到自动化工具 Power Automate Desktop，这让我浮想联翩，不禁感叹：这不是当年自己实习工作的内容吗？只不过当年需要专业 UI 工程师去实现的任务，如今人人可学、人人可用，这真是一件让人感到幸福的事情！于是我有一个愿景，要将这令人振奋的技术总结且与他人分享，希望有缘人了解 RPA 及 Power Automate Desktop 并从中受益。

目前市场上流行的 RPA 工具多种多样，比如 UiPath、Automation Anywhere 和 Power Automate Desktop 等，它们各自存在一定的特点和优势。其中 Power Automate Desktop 是来自微软 Power Automate 的分支产品。Power Automate 原名为 Flow，原用于工作流的应用场景。在 2019 年，微软为了强调 Power Platform 的品牌，将 Flow 改名为 Power Automate，并在 2020 年推出了 Power Automate Desktop。从此，Power Automate 流被分为两大类：云端流（Cloud Flow）和桌面流（Desktop Flow）。云端流适用于有 API 的应用自动化连接，比如 Microsoft 365 应用与 Power Platform 应用的自动化工作流。当 Outlook 收到邮件后，云端流会自动下载并存储其中的附件到 OneDrive for Business，这便是云端流的典型应用。而桌面流则适用于无开放 API 的应用自动化连接，比如 RPA 可用于模拟用户登录 SAP GUI，自动执行某个程序，甚至下载某个文档，又或者 RPA 可用于自动打开

Excel 文档，并将文档中的内容按规定自动填写到网页端表格当中，这些便是 RPA 所适用的场景。

那么你为什么要学习 RPA 呢？如果你目前的身份是一名白领，经常从事一些重复的业务流程工作，并对此感到不满甚至厌倦，那么这便是你应该学习 RPA 的重要原因之一。将重复的工作交给自动化机器人，并将精力放在更有价值的劳动中，这便是学习 RPA 最大的收获。

那么为什么是 Power Automate Desktop 呢？市面上不是有很多同类产品吗？的确，市面上的 RPA 工具很多，貌似给用户很多的选择。我们设定一些前提条件来做筛选，看看有哪些产品可供我们选择。

- 前提条件 1：允许用户免费使用大部分 RPA 功能。
- 前提条件 2：支持用户以无代码或低代码方式编写自动化脚本。
- 前提条件 3：与目前的 Office 环境高度集成。

要满足以上 3 个前提条件，纵观市场，非 Power Automate Desktop 莫属。与 Power BI Desktop 一样，Power Automate Desktop 也是一款对 Windows 用户免费的低代码工具，非常适合无技术背景的用户使用。另外，Power Automate Desktop 有许多功能与 Office 环境深度绑定，如 Excel Action、Outlook Action 等。因此 Power Automate Desktop 具备许多无可比拟的优势，相信 Power Automate Desktop 一定能在提升数字化能力的道路上助你一臂之力。

最后你可能有这么一个问题：我已经接触过 Power BI，并掌握了要领，有必要在拥有数据分析能力的同时，掌握 RPA 吗？国内有句俗语：技多不压身。如果你希望个人能力的“雪球”越滚越大，那么我建议你尝试阅读本书。

也许我们绝大多数人无法像 Elon Musk 那样，同时担任特斯拉和 SpaceX 的 CEO，但相信同时掌握多于一种低代码工具应该不是太难的事情。拾起 RPA，在人类自动化的事业中走出属于你自己的一小步。Carpe diem（花开堪折直须折，莫待无花空折枝）！

雷元

BI 使徒工作室

资源与支持

本书由异步社区出品，社区（https://www.epubit.com）可为您提供相关资源和后续服务。

配套资源

本书提供如下资源：

- 51 节实操视频课程；
- 学习资料；
- 本书思维导图。

要想获得以上配套资源，您可以扫描下方的二维码，根据指引领取。

您也可以在异步社区本书页面点击“配套资源”“在线课程”，按提示进行操作即可。注意：为保障购书读者的权益，该操作会给出相关提示，要求输入提示码进行验证。

如果您是教师，希望获得教学配套资源，请在社区本书页面中直接联系本书的责任编辑。

提交错误信息

作者和编辑尽最大努力来确保书中内容的准确性，但难免会存在疏漏。欢迎您将发现的问题反馈给我们，帮助我们提升图书的质量。

当您发现错误时，请登录异步社区，按书名搜索，进入本书页面，单击“发表勘误”，输入错误信息后，单击“提交勘误”按钮即可（见下图）。本书的作者和编辑会对您提交的错误信息进行审核，确认并接受后，您将获赠异步社区的 100 积分。积分可用于在异步社区兑换优惠券、样书或奖品。

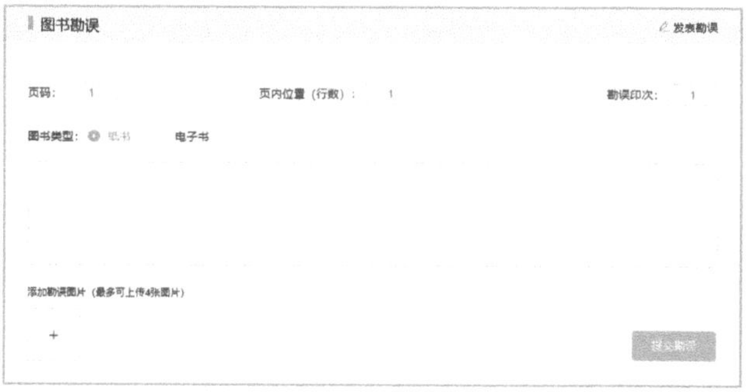

与我们联系

我们的联系邮箱是 contact@epubit.com.cn。

如果您对本书有任何疑问或建议，请您发电子邮件给我们，并请在电子邮件标题中注明书名，以便我们更高效地做出反馈。

如果您有兴趣出版图书、录制教学视频，或者参与图书翻译、技术审校等工作，可以发电子邮件给我们；有意出版图书的作者也可以到异步社区在线投稿（直接访问 www.epubit.com/contribute 即可）。

如果您所在的学校、培训机构或企业，想批量购买本书或异步社区出版的其他图书，也可以发电子邮件给我们。

如果您在网上发现有针对异步社区出品图书的各种形式的盗版行为，包括对图书全部或部分内容的非授权传播，请您将怀疑有侵权行为的链接发电子邮件给我们。您的这一举动是对作者权益的保护，也是我们持续为您提供有价值的内容的动力之源。

关于异步社区和异步图书

“异步社区”是人民邮电出版社旗下 IT 专业图书社区，致力于出版精品 IT 图书和提供相关学习产品，为作译者提供优质出版服务。异步社区创办于 2015 年 8 月，提供大量精品 IT 图书和电子书，以及高品质技术文章和视频课程。更多详情请访问异步社区官网。

“异步图书”是由异步社区编辑团队策划的精品 IT 专业图书的品牌，依托于人民邮电出版社近 40 年的计算机图书出版经验积累和专业编辑团队，相关图书在封面上印有异步图书的 Logo。异步图书的出版领域包括软件开发、大数据、人工智能、测试、前端、网络技术等。

异步社区　　微信服务号

目　录

第 1 章　Power Automate Desktop

1.1　Power Platform 简介

在正式介绍 Power Automate Desktop（桌面版）之前，我们需要介绍这个工具所属的“大家庭”的其他成员。Power Automate Desktop 属于 Power Automate 的一个细分领域，而 Power Automate 又属于 Power Platform。图 1.1 所示为微软官方的 Power Platform 架构示意，Power Platform 内含 4 个 Power 应用和 3 个通用组件。

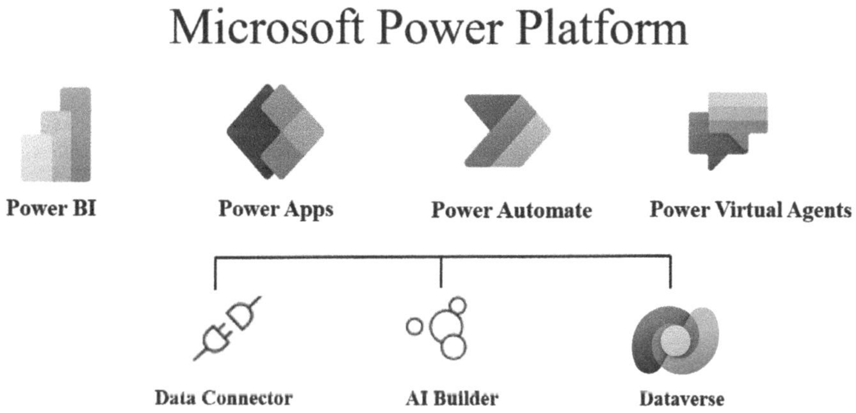

图 1.1　微软 Power Platform 架构示意

Power Platform 应用包括 Power BI（数据可视化分析解决方案）、Power Apps（定制应用解决方案）、Power Automate（自动化应用解决方案）、Power Virtual Agents（智能对话机器人解决方案）这 4 个主要应用，它们又被称为“Power 家族”。

- ✓ Power BI：通过可视化分析让用户可以洞察数据背后的价值。Power BI 既可以用于自助商业智能分析，也可与 Azure 数据库、数据湖相结合，实现企业级的商业智能应用。
- ✓ Power Apps：可用于替换 Excel 表格、纸质方案等传统方案；可与 AI Builder、Dataverse 相结合，丰富定制应用的场景。
- ✓ Power Automate：可用于一般工作流自动化场景和 RPA 应用。
- ✓ Power Virtual Agents：支持用户无代码创建智能对话机器人，同时可与 Power Automate 深度集成，丰富应用场景。

除了 Power 家族，Power Platform 有 3 个通用组件，即 Data Connector（数据连接器）、AI Builder（人工智能应用服务）、Dataverse（通用数据服务），为 Power 家族提供后端通用服务功能。

- ✓ **Data Connector**：用于实现 Power Platform 与外部数据的连接。在编写本书时，Data Connector 提供的标准接口多达 300 多种，从微软产品 SharePoint、SQL Server 等到社交媒体应用的接口，应有尽有。开发者可通过应用程序接口（Application Program Interface，API）开发任何定制数据接口，如微信、微博等的定制数据接口。
- ✓ **AI Builder**：提供文本分类、表格处理、物体检测、预测等人工智能（Artificial Intelligence，AI）模型以及一系列标准即开即用 AI 功能，无须 AI 指示，用户也能自助式落地 AI 解决方案。
- ✓ **Dataverse**：基于标准化数据模型的数据服务应用。简单而言，对于一个带有 SaaS（Software as a Service，软件即服务）性质的线上数据库，Dataverse 支持用户通过自助式方式创建与定义数据库以及相应的数据服务规则。

1.2 Power Automate 简介

Power Automate 可实现应用之间的数据自动化传输（见图 1.2）。例如，将 Outlook 邮箱中邮件附件传输到 SharePoint 中，或者当 SharePoint 项目中新增内容时，触发邮件通知等。迄今，Power Automate 支持的数据应用接口多达 450 余种。除此之外，Power Automate 支持调用市面上的任何公开 API，用户在使用过程中就像使用 Excel 一样方便。

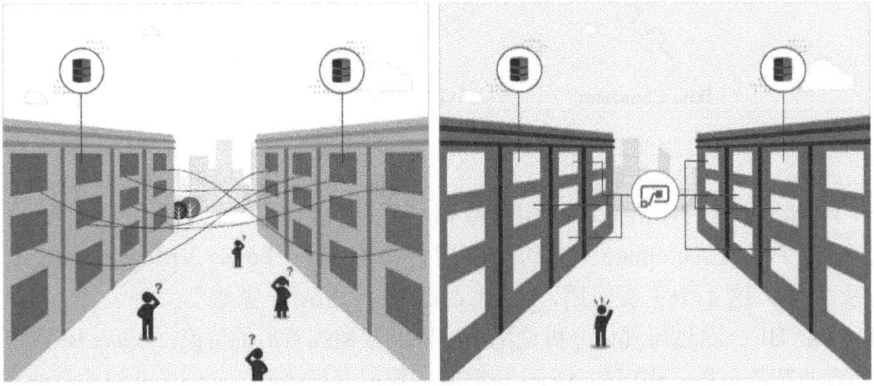

图 1.2 Power Automate 搭建起应用之间的数据传输桥梁

Power Automate 的商业价值在于支持自助式搭建应用之间的数据传输桥梁，而在这之前，应用之间的数据传输往往需使用企业级中间件完成。对轻量级应用（如 Office 应用）而言，采用企业级中间件成本过高，也不够灵活，而 Power Automate 就很好地填补了这一空缺，其通过自助式完成自动化工作，可以降低不必要的开发成本与减少时间消耗。那么 Power Automate 是否适用于企业级的数据自动化任务呢？对于企业级的应用，微软推荐使用 Azure Logic Apps——一个数据处理能力非常强的应用。而实际上 Power Automate 是 Azure Logic Apps 的轻量级衍生应用。熟练掌握 Power Automate 意味着掌握了 Azure Logic Apps 的基础知识，也意味着自动化的更多可能性。

图 1.3 所示为第三方调研机构 Forrester 在 2020 年 4 月发布的 Power Automate 在推动业务转型上的调研结果。微软对 Power Automate 产品价值的定位：Power Automate 可以使企业工作效率更高，更具有自动化特性。目前，Power Automate 主要用于以下 4 个方面：

✓ 自动化数据在应用系统之间的传输过程；
✓ 为用户提供流程中不同环节的交互功能；
✓ 通过 API 连接外部形形色色的数据源；
✓ 实现桌面或者网页端的 RPA 功能。

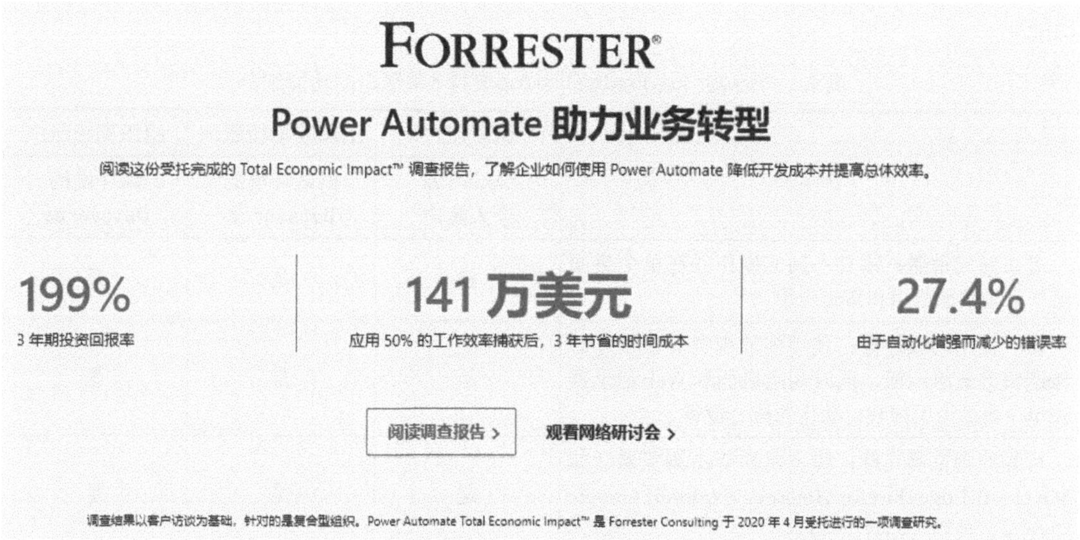

图 1.3 Forrester 发布的 Power Automate 在推动业务转型上的调研结果（2020 年 4 月）

基本上，Power Automate 流可分为两类：云端流和桌面流。

✓ **云端流**：云端流包括工作流和业务流程流，云端流适用于有 API 的云端应用之间的自动化连接，比如 Microsoft 365 应用与 Power Platform 应用便属于这类应用。
✓ **桌面流**：桌面流则适用于线下应用之间的自动化连接，桌面流可用于模拟用户登录 SAP GUI、自动执行某个程序、下载某个文档，或者自动打开 Excel 文档，并将文档中的内容按一定规则自动填充到网页端表格中。无论是访问天气网站查看天气预报的家庭用户，还是从供应商发票中提取信息的个体经营者，或是在企业资源计划（Enterprise Resource Planning，ERP）系统上进行自动化数据输入的大型公司的员工，通过 Power Automate Desktop，都可以无代码或低代码自助完成各种任务。Power Automate Desktop 实际上是一款 RPA 设计器，借助其丰富的集成开发环境（Integrated Development Environment，IDE）界面，用户可以通过无代码或低代码的方式构建桌面流，这也是本书内容的重点。

读者可能会问：那么桌面流与 RPA 的关系是什么呢？桌面流是 RPA 功能的具体实现方式，让用户通过低代码方式落地 RPA 需求。在 Power Automate 的语义环境中，RPA 与桌面流指的是同一事物，微软文档也将其称为 RPA 桌面流。

Power Automate Desktop 支持 3 种账户登录使用：微软账户 、工作或学校账户、组织高级账户（企业购买的 Microsoft 365 账户）。表 1.1 展示了三者功能上的区别。微软账户实质是用于访问微软设备和服务的免费账户，例如基于 Web 的电子邮件服务 Outlook.com（又称 hotmail.com）、msn.com、live.com、Office Online 应用、Skype、OneDrive、Xbox Live、Bing、Windows 和 Microsoft Store。如果使用过这些服务，那么你很可能已经有一个微软账户。对于已经购买了 Microsoft 365 订阅许可的用户，可直接通过 Microsoft 365 账户登录 Power Automate Desktop，这等同于拥有组织高级账户。重要的是只有使用组织高级账户，才能拥有与云端流（触发 / 计划流）连接、共享和协作、AI Builder 等功能，不过你仍然需要为其中的部分额外功能付费。本书将使用组织高级账户演示桌面流功能。

表 1.1 Power Automate Desktop 支持 3 种账户的功能细分

存储	微软账户 OneDrive 个人账户	工作或学校账户 默认环境的 Dataverse	组织高级账户 跨环境的 Dataverse
可访问记录器：添加不同的操作并在单个桌面流中记录桌面应用和 Web 应用	是	是	是
易于使用的设计器：使用拖放视觉对象设计器按逻辑方式组织流，同时利用桌面和 Web 记录器在单个桌面流中捕获自动化的核心逻辑	是	是	是
可靠的浏览器支持：跨主要的 Web 浏览器（如 Microsoft Edge、Firefox、Internet Explorer、Google Chrome）使用智能数据提取	是	是	是
预生成操作：利用一组可连接到许多不同系统的 400+ 个预生成操作	是	是	是
访问新操作：使用对 SAP 的新支持操作，自动化更多非 API 系统、旧版终端（例如大型机和 IBM AS/400、Java 应用、Citrix 等）	是	是	是
异常处理：充分利用异常处理以自动化需要验证（通过操作和脚本）的复杂案例并主动管理该设置，确保无须人工交互即可完成流	是	是	是
与云端流（触发/计划流）的连接性	否	否	是
Dataverse 存储：在 Dataverse 中集中保存使用 Power Automate 生成的新桌面流，受益于环境隔离和基于角色的访问	否	否	是
共享和协作：在团队成员之间共享流并选择访问级别（例如联合开发或仅运行）	否	否	是

续表

存储	微软账户	工作或学校账户	组织高级账户
	OneDrive 个人账户	默认环境的 Dataverse	跨环境的 Dataverse
集中管理和报告：新流和任何执行日志将自动保存到Power Automate服务以提供集中管理和报告	否	否	是
其他功能：如AI Builder、与云端流集成、使用400多个高级和自定义连接器、无人参与RPA等	否	否	是

1.3 Power Automate Desktop 许可计划

读者可能会问：Power Automate Desktop 不是免费使用的吗？为什么还需要购买许可呢？的确，Power Automate Desktop 本身是免费的，但一旦要使用额外的高级功能，例如用云端流触发桌面流，便需要付费了，这与使用 Power BI service 需要付费的道理是相似的。图 1.4 所示为 Power Automate3 种许可的收费参考信息。

图 1.4 2022 年 6 月 Power Automate 3 种许可的收费参考信息

注意，3 种许可中只有【包含有人参与 RPA 的每用户计划】是包含 RPA 功能的，用户也可以免费试用该计划。图 1.5 详细说明了 Power Automate 许可计划支持的具体功能。

	每用户计划 ¥109 每用户/月	包含有人参与 RPA 的每用户计划 ¥289 每用户/月	每流计划 ¥3,620 每月
流程挖掘			
使用 Process Advisor 可视化和分析流程[3]	●	●	--
桌面和云自动化[4]			
运行云端流（自动化、计划和即时）[3]	●	●	●
运行业务流程流[3]	●	●	●
运行有人值守型 RPA 桌面流[5]	--	●	--
运行无人值守型 RPA 桌面流[5]	--	¥（每机器人[6]）	¥（每机器人[6]）
使用 AI Builder 引入 AI[7]	¥	5,000次调用/月	¥
数据连接、存储和管理			
连接到您的数据		使用预构建连接器 使用自定义本地连接器	
存储和管理数据		创建和访问自定义实体	
使用 Microsoft Dataverse（以前称为 Common Data Service）	250MB 数据库容量[8] 2GB 文件容量[8]	250MB 数据库容量[8] 2GB 文件容量[8]	250MB 数据库容量[8、9] 1GB 文件容量[8、9]

图 1.5　Power Automate 许可计划支持的具体功能

值得一提的是，RPA 桌面流可分为有人值守型和无人值守型两种模式。简单而言，有人值守型是指在执行 RPA 桌面流的时候，用户需要保持登录本机的状态，以确保流能模拟人工操作；而无人值守型则意味着在用户无须登录本机的情况下，RPA 桌面流也能在后台自动执行指令，属于更为高级的功能，这也意味着用户需要额外为此功能付费，付费标准请参考图 1.6。

探索 Power Automate 加载项
AI Builder
¥3,618
每单位/月10
将 AI 引入您的流程中。
需要使用 全局管理员或计费管理员角色 访问 Microsoft 365 管理中心。
将 AI Builder 添加到现有 Power Automate、Power Apps 或 Dynamics 365 付费计划订阅。
立即购买 ›
了解详细信息 ›
无人值守型 RPA 加载项
¥1,085
每机器人/月
通过机器人流程自动化 (RPA) 自动执行后端流程，而无须与人员交互。
每月包含 5,000 AI Builder 服务额度。
需要使用 全局管理员或计费管理员角色 访问 Microsoft 365 管理中心。
将无人值守型 RPA 加载项应用于拥有有人值守型 RPA 的每用户计划或应用于每流计划。
立即购买 ›
了解详细信息 ›

图 1.6　无人值守型的许可收费参考信息

1.4 Power Automate Desktop 下载与安装

虽然 Power Automate Desktop 是免费安装、使用的，但是用户使用环境必须满足以下的安装环境要求。首先是硬件方面的要求，建议用户使用环境至少满足最低配置要求，但建议满足推荐配置要求。

✓ **最低硬件配置。**
- 处理器：1.00GHz 及以上，有 2 个或更多内核。
- 存储：1GB。
- RAM：2GB。

✓ **推荐硬件配置。**
- 处理器：1.60GHz 及以上，有 2 个或更多内核。
- 存储：2GB。
- RAM：4GB。
- GPU：加速。

✓ **.NET Framework 4.7.2 或更高版本。**

另外，并不是所有的 Windows 系统都支持免费安装 Power Automate Desktop，只有部分 Windows 版本支持 Power Automate Desktop 的安装与使用：Windows 10 家庭版、Windows 10 专业版、Windows 10 企业版、Windows 11 家庭版、Windows 11 专业版、Windows 11 企业版、Windows Server 2016、Windows Server 2019 或 Windows Server 2022。

另外，Windows 家庭版和 Windows 企业版/专业版/服务器版之间还有一定的功能差异，用户可以参考表 1.2 的内容。Windows 11 默认已经为用户安装了 Power Automate Desktop。

表 1.2 Windows 家庭版和 Windows 企业版/专业版/服务器版之间的功能差异

活动	描述	Windows 家庭版	Windows 企业版/专业版/服务器版
创作	使用 Power Automate Desktop 创建	是	是
创作	使用 Selenium IDE 创建	否	是
运行时	本地运行时（有人参与）	是	是
运行时	云运行时（有人参与/无人参与）	否	是
监视	管理桌面流	是	是
监视	查看运行日志	是	是

满足以上系统和硬件配置的要求后，我们便可以着手下载并安装 Power Automate Desktop 了。下载的方法有 3 种。

方法 1：在浏览器中直接通过关键字搜索，并登录官网，单击【免费开始】，见图 1.7。

方法 2：通过账户，登录 Power Automate，在主页【我的流】下单击【安装】-【Power Automate 桌面版】，见图 1.8。

图 1.7　Power Automate Desktop 下载主页

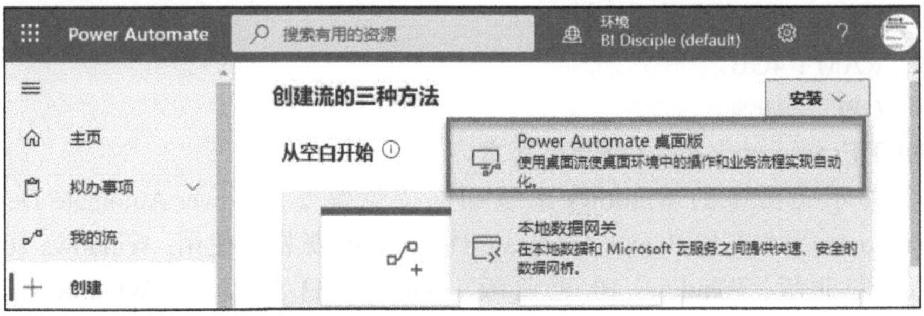

图 1.8　登录 Power Automate 后选择【Power Automate 桌面版】

方法 3：在 Windows 系统下的 Microsoft Store 中查找【Power Automate】，见图 1.9，并选择【Power Automate 桌面版】。

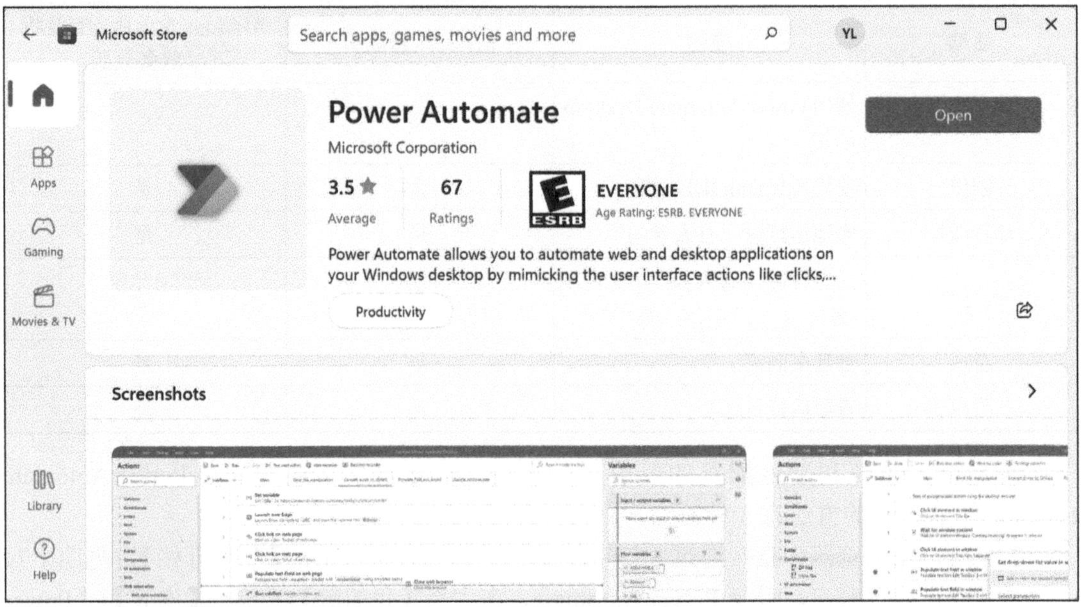

图 1.9　在 Microsoft Store 中查找并下载 Power Automate Desktop

下载完毕后，双击安装文件，进行安装，见图 1.10。

图 1.10　安装 Power Automate Desktop

安装时，注意确保勾选【安装 Microsoft Edge (80 或更高版本) WebDriver 和 ChromeDriver (以在流中使用 Web 应用)。】复选框，勾选该复选框可为网页浏览器端安装桌面流外接（扩展）程序，同时确保勾选【安装计算机运行时应用以连接到 Power Automate 云门户。】复选框，见图 1.11。后面的计算机运行时部分，将具体介绍此功能。

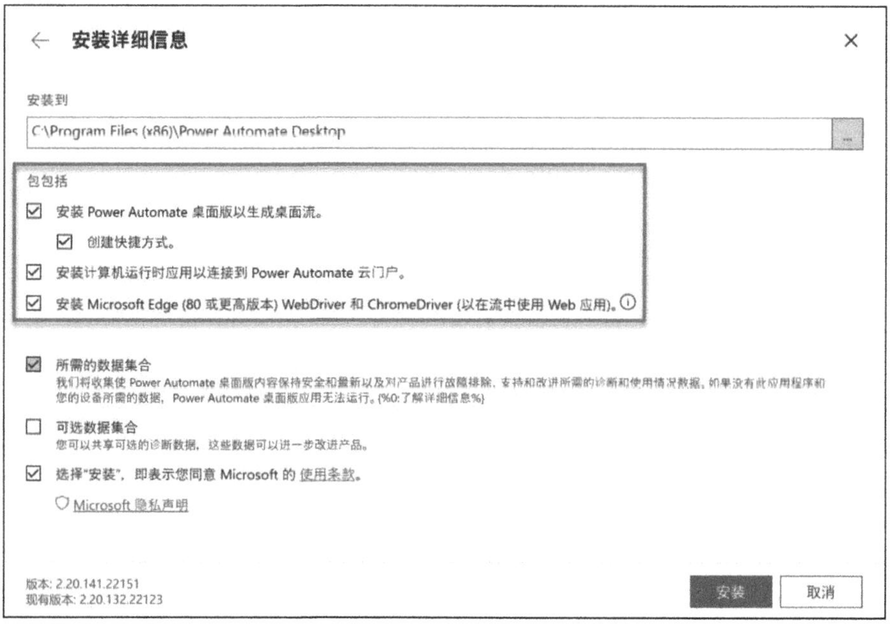

图 1.11　勾选关键复选框

安装完成后，我们可以打开 Microsoft Edge，外接程序中确认已经成功安装了 Microsoft Power Automate 插件，见图 1.12。建议用户使用 Microsoft Edge 或者 Google Chrome 之一，用于创建本书的示例。

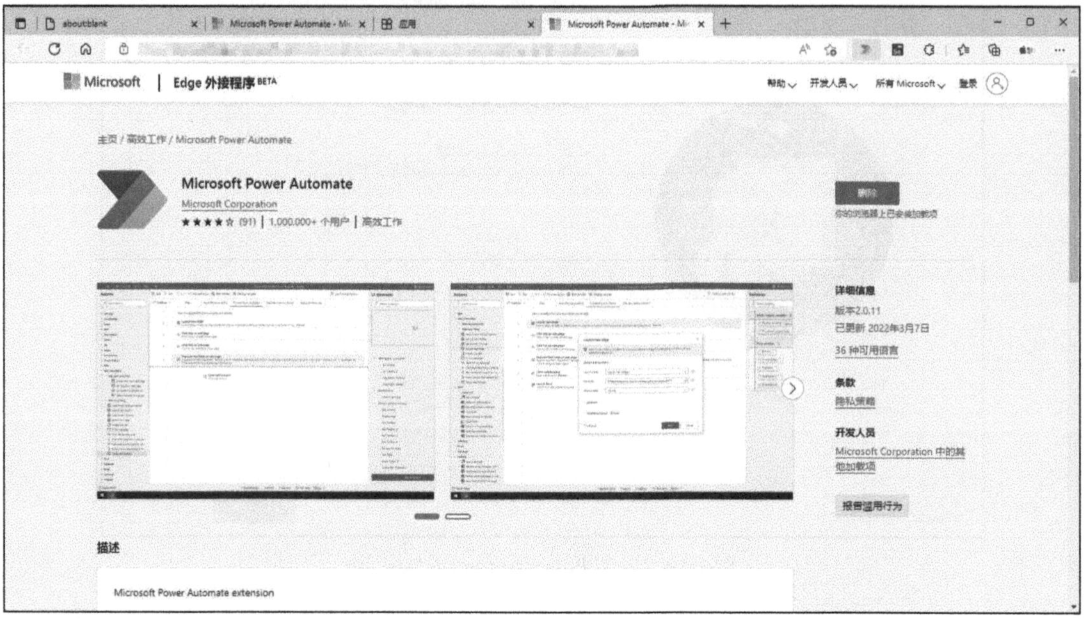

图 1.12　在 Microsoft Edge 外接程序页面下查看 Microsoft Power Automate 插件

1.5　Power Automate 界面简介

安装完成后，在 Windows 的搜索栏中输入关键字【power automate】并按 Enter 键，可启用 Power Automate Desktop，见图 1.13。

图 1.13　在 Windows 中启用 Power Automate Desktop

首次打开 Power Automate Desktop 时，用户需要输入账号，并单击【登录】按钮验证身份，见图 1.14。有别于 Power BI Desktop 可在无登录状态下运行，Power Automate

Desktop 则需要连线成功登录后才可运行。

图 1.14　Power Automate Desktop 账户登录界面

注意，Power Automate Desktop 中的显示语言与用户 Windows 操作系统上选择的显示语言一致，当要使用简体中文界面时，请确保操作系统首选语言为【中文(简体，中国)】，见图 1.15。

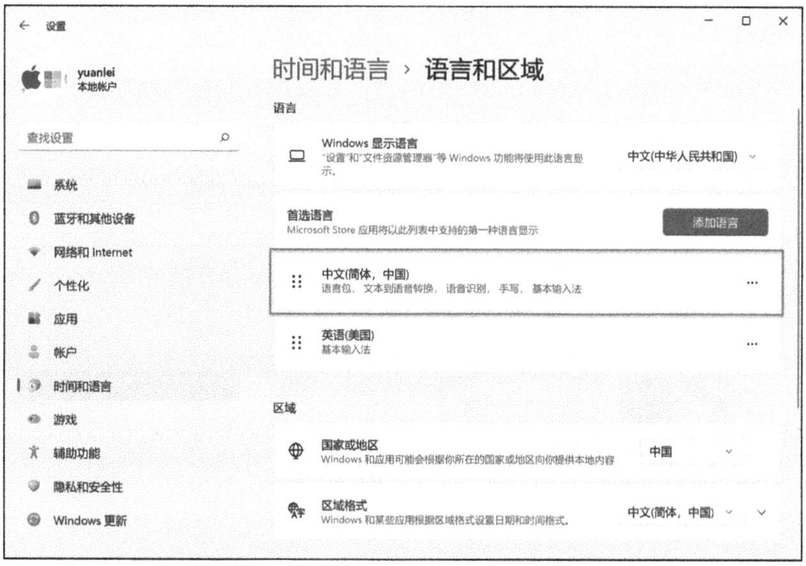

图 1.15　在语言和区域中设置首选语言为简体中文

图 1.16 所示为登录成功后的默认界面，用户可在此处查看 3 种流。在此界面，我们单击【新建流】，创建第一个桌面流。

- ✓ **我的流**：指用户自己创建的桌面流。
- ✓ **与我共享的流**：指其他人分享给用户的桌面流，分享者与被分享者需要开启高级许可权限。
- ✓ **示例**：指微软提供的一些参考示例桌面流，供用户学习用。

图 1.16　登录 Power Automate Desktop 成功后的默认界面

在弹出的对话框中，我们可以在【流名称】输入框中输入流名称，单击【创建】按钮完成设置，见图 1.17。

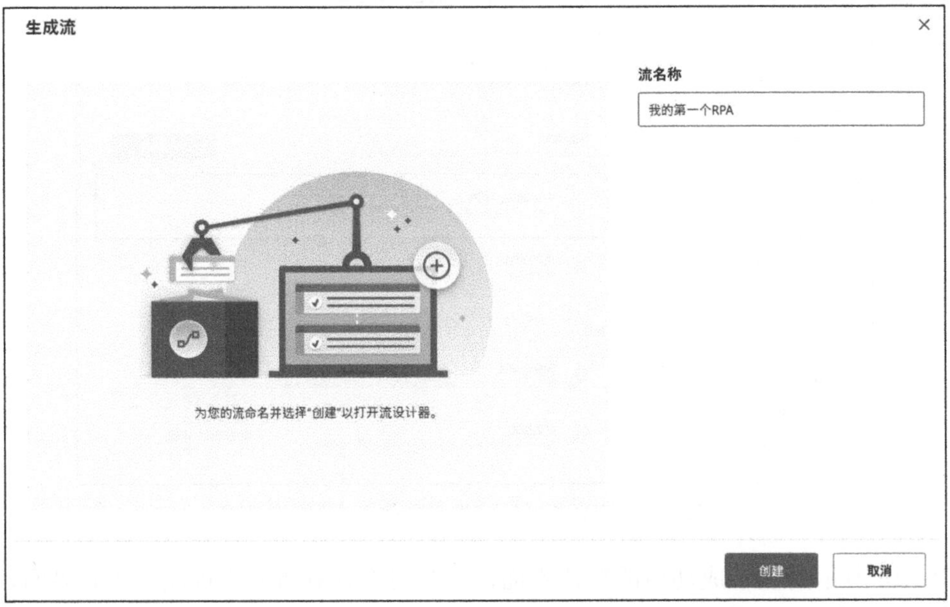

图 1.17　生成流对话框

完成后，我们进入 Power Automate Desktop 的设计主界面，该界面大致可以分为 4 个功能部分，见图 1.18。

① **菜单区**：包括文件、编辑、调试等功能和查看支持文档信息。

② **操作区**：包括所有对桌面流的操作功能的集合。

③ **画布区**：用户通过拖曳的方式将操作指令放入画布区形成桌面流逻辑。

④ **变量、UI 元素、图像区**：此处可以在变量、UI 元素、图像 3 种模式下相互切换。

图 1.18 Power Automate Desktop 设计主界面

1.6 创建第一个桌面流

让我们来创建第一个桌面流，该桌面流用于自动打开图 1.19 所示的 Excel 文档，并等待 Excel 公式自行更新数据，然后关闭 Excel。

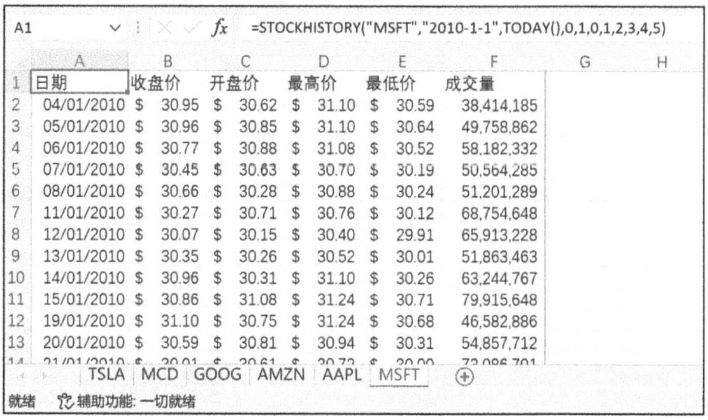

图 1.19 带有公式的 Excel 文档，默认情况下需手动打开并更新公式

（1）首先我们在刚刚创建的工作流中，在【Excel】下方找到【启动 Excel】，并将它拖曳至【Main】画布区内，见图 1.20。

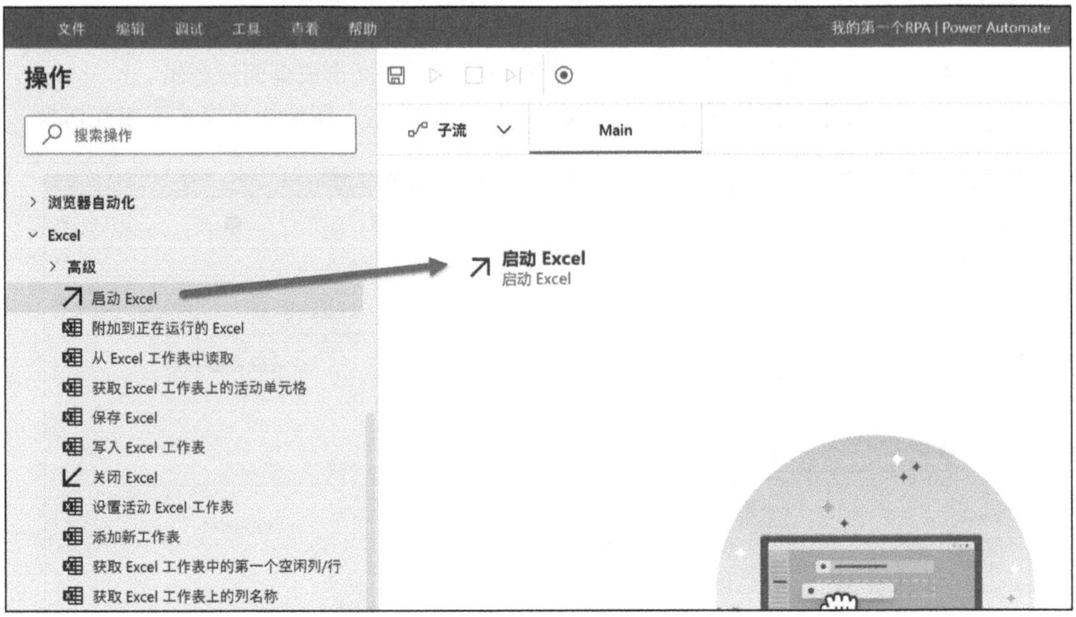

图 1.20 将【启动 Excel】拖曳至画布区

（2）在弹出的【启动 Excel】对话框中，在【启动 Excel】中选择【并打开以下文档】①，在【文档路径】中选择对应文件的具体位置（可单击图标选择文件）②，单击【保存】按钮完成设置，见图 1.21。

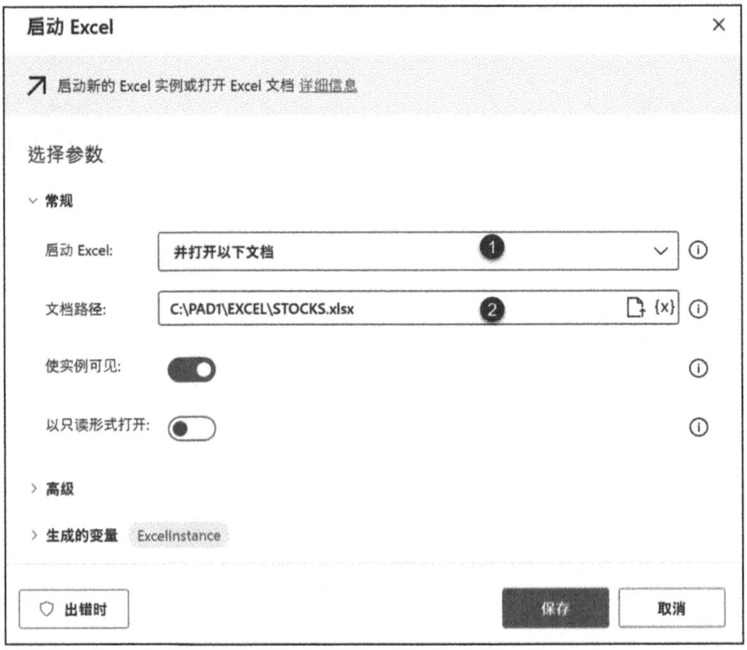

图 1.21 选择指定文档

（3）接下来，我们会添加一个【关闭 Excel】动作。在弹出的对话框中，选择【保存文档】，单击【保存】按钮即可，见图 1.22。

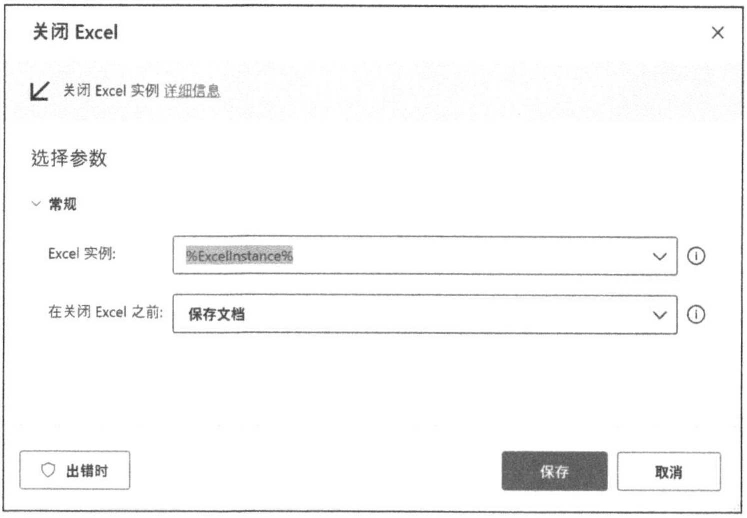

图 1.22 保存 Excel 文档操作

（4）考虑到 Excel 文档被打开之后，公式需要一定的时间去更新数据，因此在启动和关闭 Excel 的操作过程之间我们需要有一个短暂的等待，在【操作】搜索栏输入关键字便可在【流控制】下找到【等待】，将其拖曳至步骤 2 中，在弹出的对话框中填入一个等待时间（比如 10 秒），单击【保存】完成设置，见图 1.23。

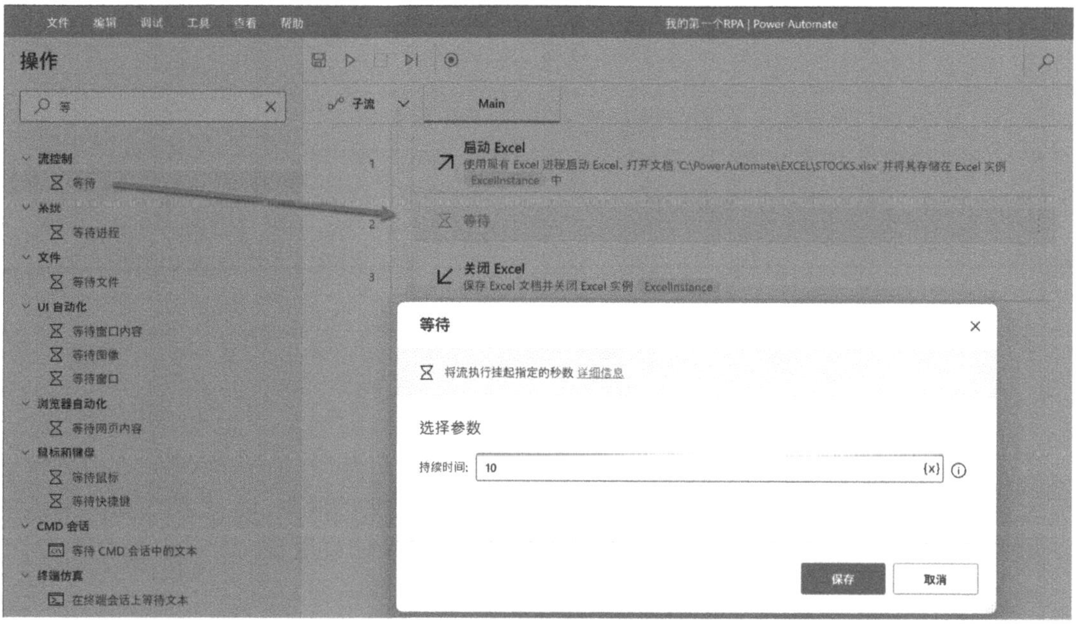

图 1.23 添加 10 秒等待操作

（5）作为可选操作，我们可在最后的步骤添加一个【显示消息】通知①，在【要显示的消息】中添加提示消息②，单击【保存】按钮完成设置，见图 1.24。

图 1.24 添加显示消息操作

（6）到此我们便完成了桌面流的创建，单击【开始】按钮执行流，待流执行完成后，Power Automate Desktop 会弹出对话框提示流执行完成，见图 1.25。

图 1.25 执行桌面流完成的结果

【本章小结】

在本章我们主要介绍了 Power Platform、Power Automate 和 Power Automate Desktop 等的基本概念和关系，也介绍了相关的账户和许可计划种类的区别，还介绍了如何下载并安装 Power Automate Desktop，以及如何着手创建一个简单的桌面流。

第2章　菜单、变量、条件与循环操作

2.1　Power Automate Desktop 菜单操作

首先我们来学习 Power Automate Desktop 中一些常用的菜单操作和流变量操作，右击任意操作步骤，打开快捷菜单，见图 2.1。

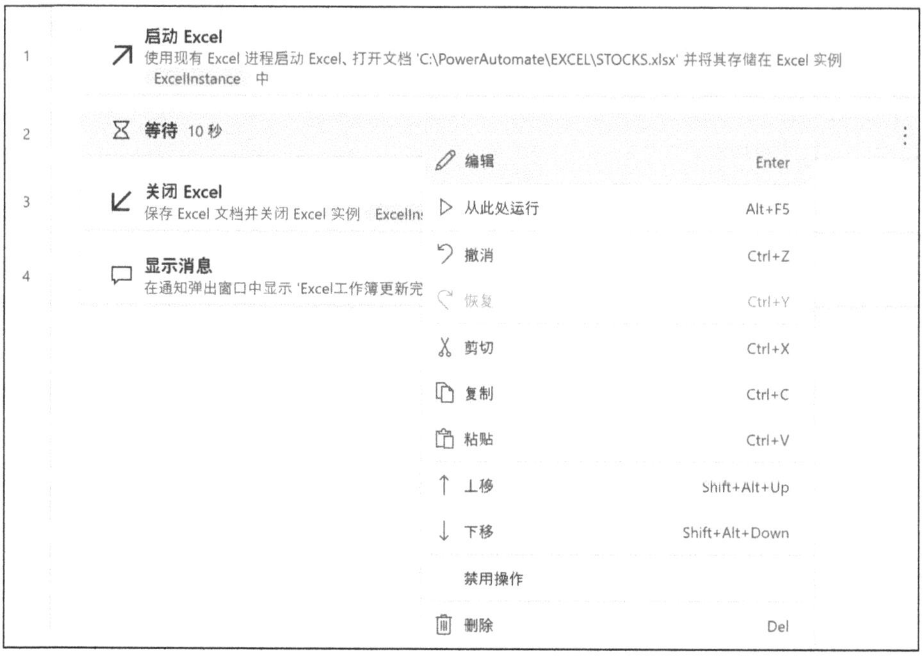

图 2.1　快捷菜单

1. 一般性操作

图 2.1 所示快捷菜单中的【撤销】（图 2.1 中为撤消）【恢复】【剪切】【复制】【粘贴】【删除】的功能与 Office 组件中相应命令的功能类似。【上移】【下移】是指将当前操作步骤向上移动或向下移动。

2.【从此处运行】

该命令的作用是从指定的步骤开始执行流，但是需要注意确保步骤之间没有依存关系，否则将会报错，见图 2.2。

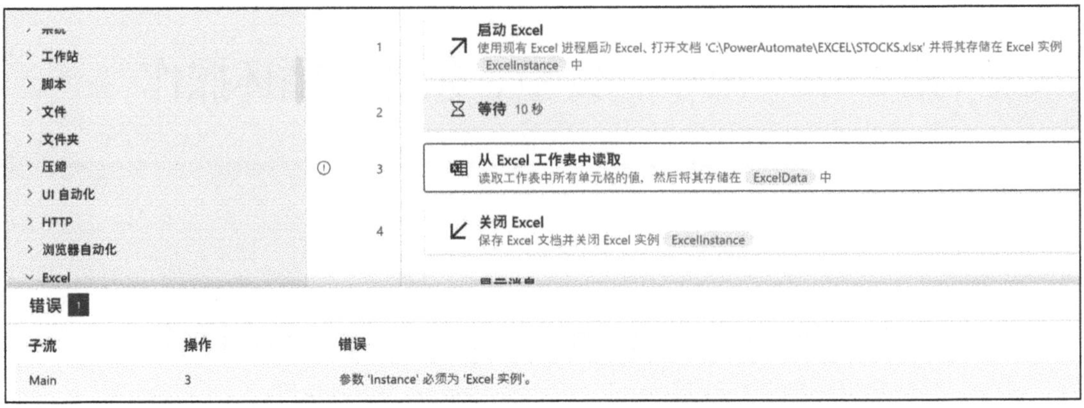

图 2.2　因跳过【启动 Excel】步骤而导致桌面流出错

3.【禁用操作】与【启用操作】

【禁用操作】命令的作用是将步骤设置为非激活状态，但保留此步骤，如果要重新激活该步骤，则再次右击该步骤，选择【启用操作】，见图 2.3。

图 2.3　对禁用步骤进行启用

4. 设置断点

单击步骤旁的空白处添加断点，目的是让流停留在断点处，这有助于流的调试。单击步骤旁数字的空白处①，会出现一个红点，单击【执行】按钮②，见图 2.4。流会停留在步骤 2 处，并等待下一步的指令，此时可选择【运行】【停止】【运行下个操作】等，见图 2.5。

图 2.4 设置断点并执行流

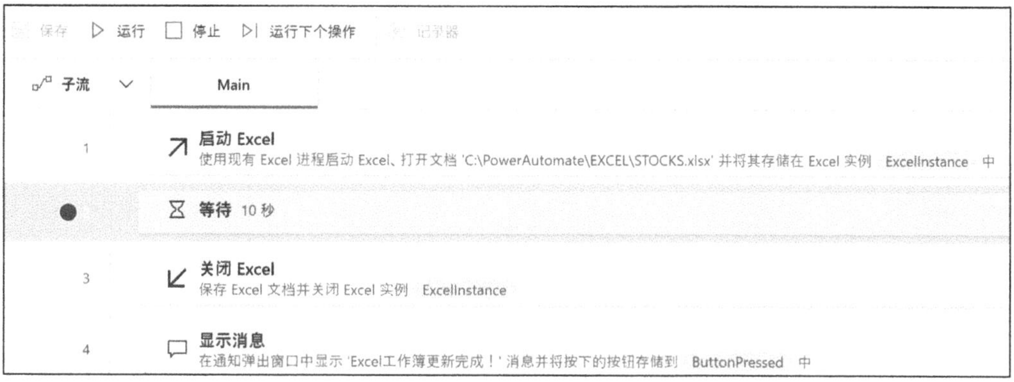

图 2.5 流停留在断点并等待下一步指令

另外，我们可在【调试】菜单中执行相关调试命令，如一次性删除所有断点，见图 2.6。

图 2.6 【调试】菜单中的调试命令

5. 查看流变量

如果流步骤生成变量，执行完成后，我们可在【流变量】中查看变量详情，见图 2.7。

另外，我们可以对变量进行【锁定】①或者【标记为敏感】②操作，见图 2.8。

锁定后，变量名称会被前置，而标记为敏感操作则会隐藏变量值，见图 2.9。

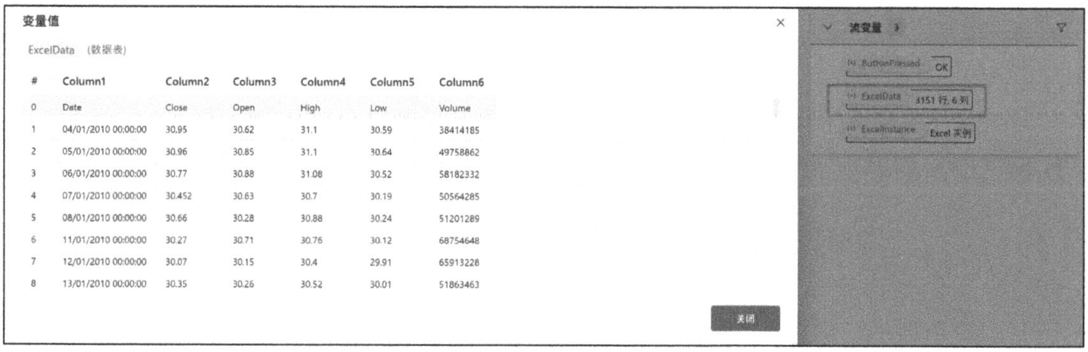

图 2.7 查看流变量下的某个变量的变量值

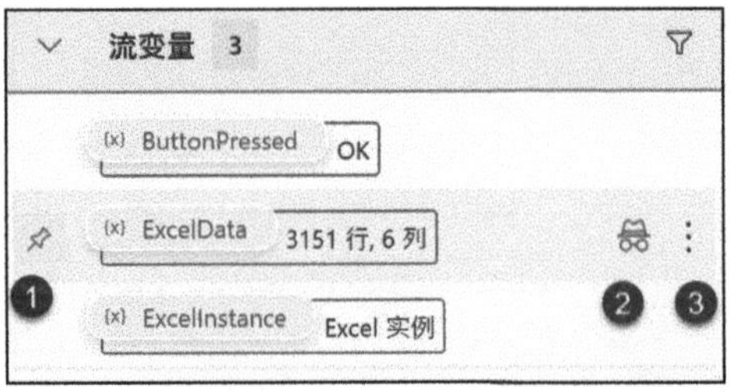

图 2.8 【锁定】和【标记为敏感】选项图标

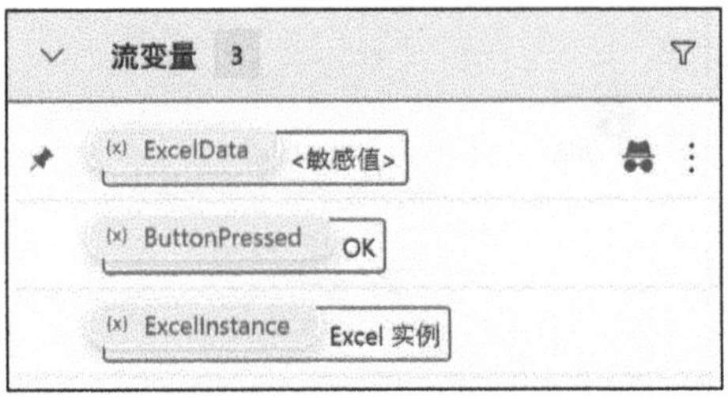

图 2.9 锁定和标记为敏感后的示意

单击图 2.8 中的③，可对流变量进行更多的操作，比如【重命名】和【查找使用情况】，见图 2.10。

图 2.10 流变量相关的更多操作

图 2.11 所示为使用【查找变量的使用情况】操作的结果，方便用户调试查找变量的引用详情。

图 2.11 显示查找变量的使用情况

2.2 变量操作

从本节开始，我们将学习最基本的变量、列表、判断以及循环的概念，并学习一部分增、删、查、改的核心操作。

2.2.1 创建变量操作

（1）参照前文，我们创建一个新的桌面流，在操作区中将【设置变量】拖入画布区①，在弹出的对话框中双击变量的名称，对其进行修改②，在【值】中输入文字③，单击【保存】按钮完成设置，这样便创建了第一个字符串变量，见图 2.12。

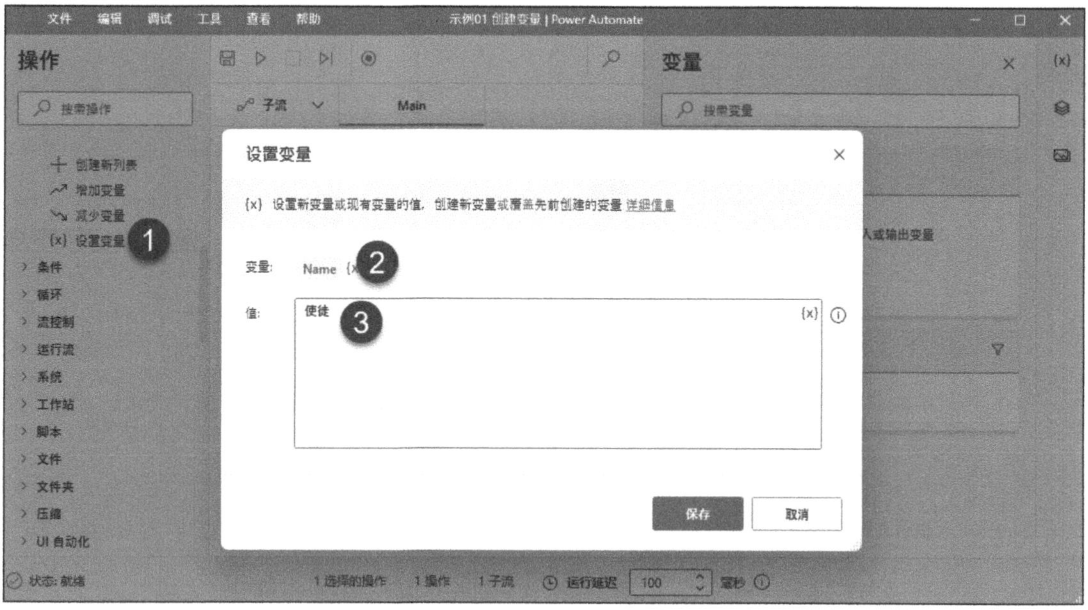

图 2.12　创建第一个字符串变量

（2）再重复上述创建变量的步骤，只不过这一次输入数值（输入 8），单击【保存】按钮完成设置，这样便创建了一个数值变量，见图 2.13。

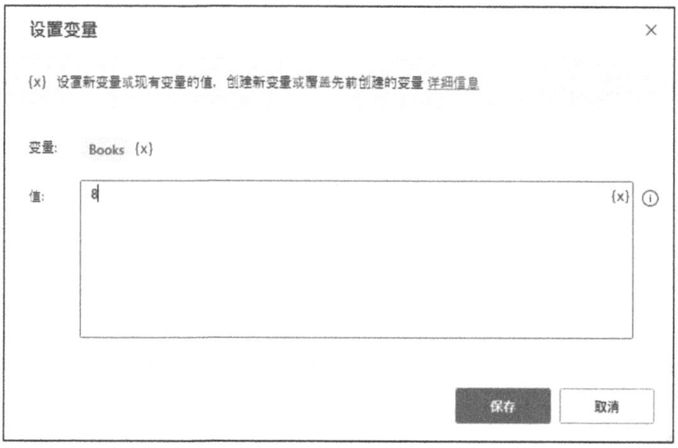

图 2.13　创建第一个数值变量

（3）接下来添加一个【显示消息】操作，设置【消息框标题】①，并设置【要显示的消息】②，注意在设置消息时，可单击{x}按钮③，然后选择相关的变量名称④，最后单击【选择】【保存】按钮，见图 2.14。注意，Power Automate Desktop 中的引用变量格式为“%变量名称%”，所以修改变量时应保留变量两侧的百分号。

（4）设置完成后，运行该桌面流，观察弹出的提示消息和其中引用的变量值，见图 2.15。

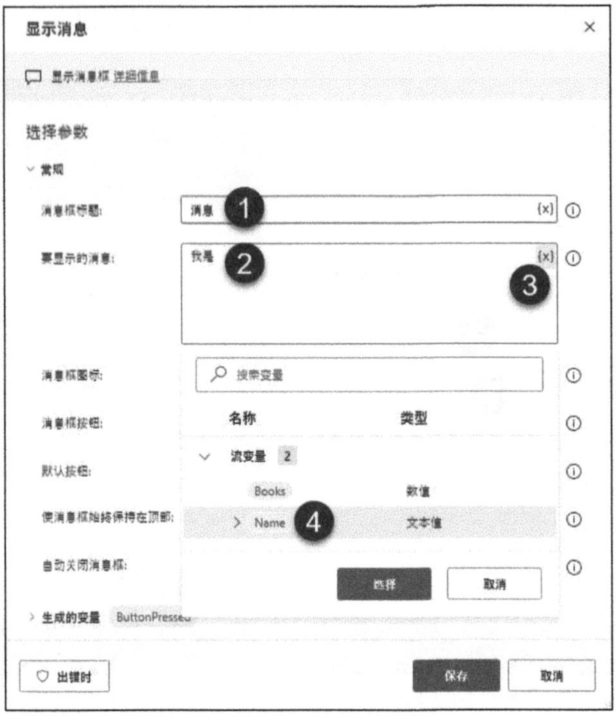

图 2.14　添加【显示消息】操作

图 2.15　弹出的提示消息和引用的变量值

2.2.2　其他核心变量操作

（1）本节演示修改变量值的方法，在图 2.16 所示界面中将【增加变量】①拖入画布区中，在【变量名称】中选择“%Books%”②，在【增加的数值】中填入“1”③，单击【保存】按钮完成设置，见图 2.16。

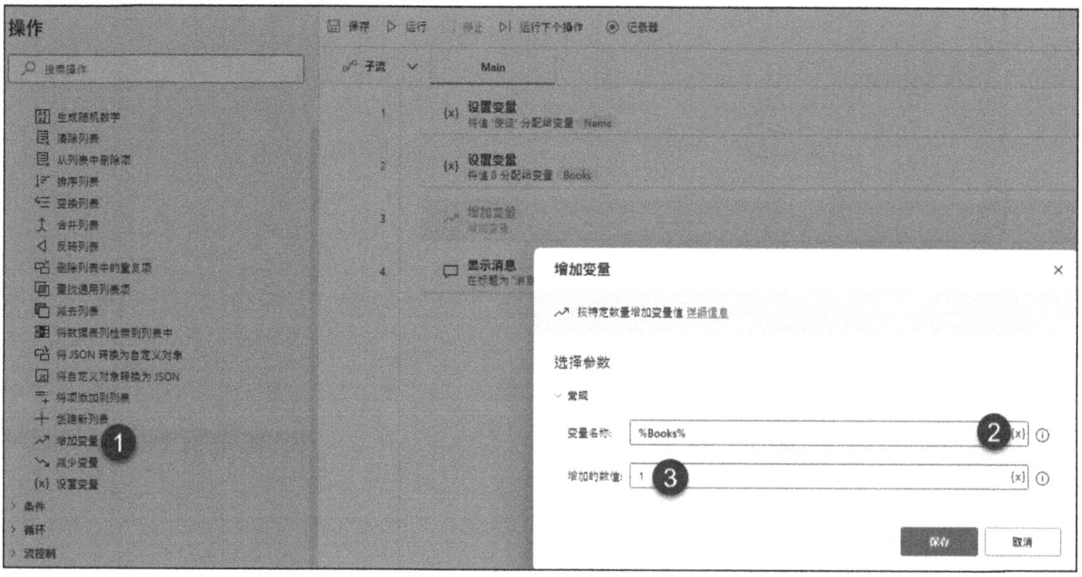

图 2.16 在【显示消息】前拖入【增加变量】

（2）再次运行桌面流，变量 %Books% 已经从原来的数值 8 变成了数值 9，见图 2.17。

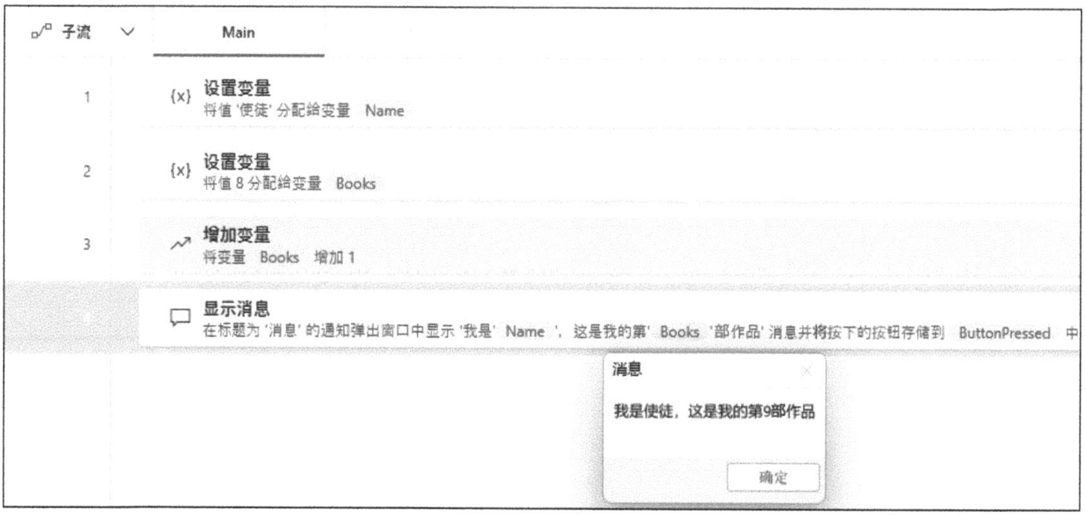

图 2.17 原来的变量由 8变为 9

（3）除了使用【增加变量】操作，我们还可以在【显示消息】中修改显示的值，将原来的 %Books% 改成 %Books + 1%，见图 2.18。这不会改变 %Books% 变量自身，只是进行了加 1 的算术运算。

（4）在【显示消息】之前继续添加一个新操作【生成随机数字】，并分别设置最大值与最小值，单击【保存】按钮完成设置，见图 2.19。

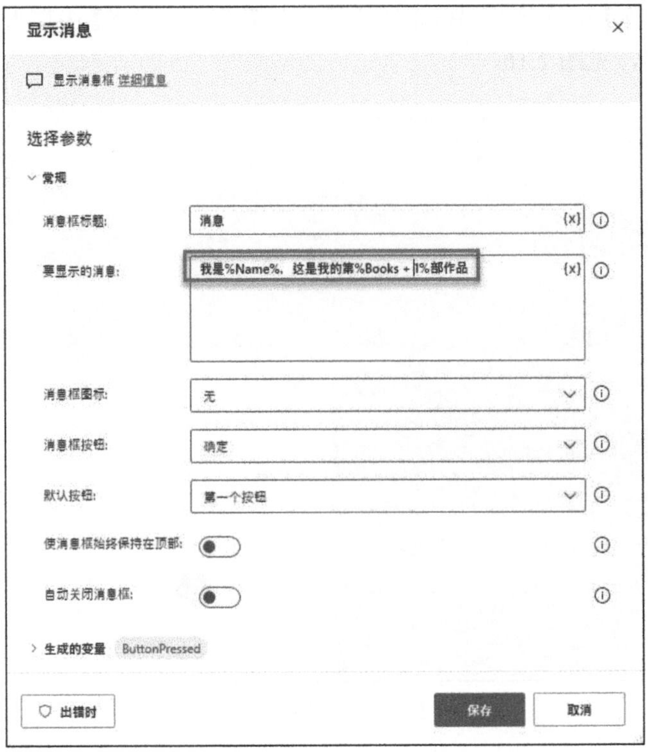

图 2.18　在【显示消息】中直接与变量进行算术运算

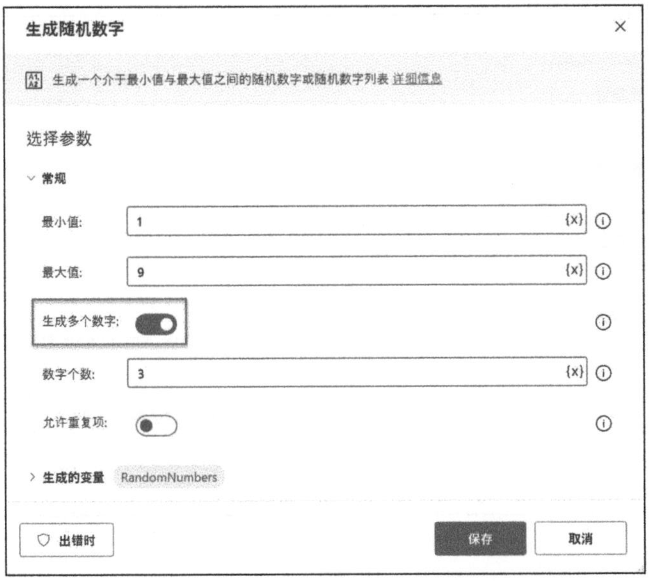

图 2.19　设置【生成随机数字】操作生成 1 ～ 9 的随机变量

（5）双击【显示消息】，并参照图 2.20 修改【要显示的消息】，如果想让【显示消息】自动关闭，可以打开【自动关闭消息框】选项并在【超时】中进行时间设定，单击【保存】按钮完成设置。

（6）如果想获取多个随机数字，用户可打开图 2.21 中的【生成多个数字】选项，并在

【数字个数】中设置数字个数，留意此时生成的变量名称会自动由单数 %RandomNumber% 变为复数 %RandomNumbers%。而这个变化不会动态反应到后续操作步骤中，因此 Power Automate Desktop 会提示找不到原来的 %RandomNumber% 变量，见图 2.22。解决方法是手动将消息框中的单数 %RandomNumber% 变量调整为复数变量 %RandomNumbers%。

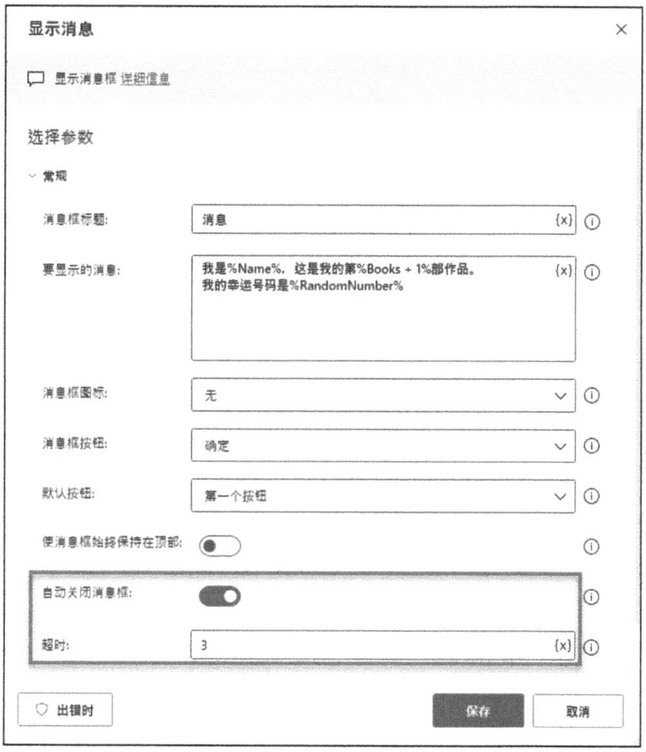

图 2.20 更新【显示消息】，并设置【自动关闭消息框】

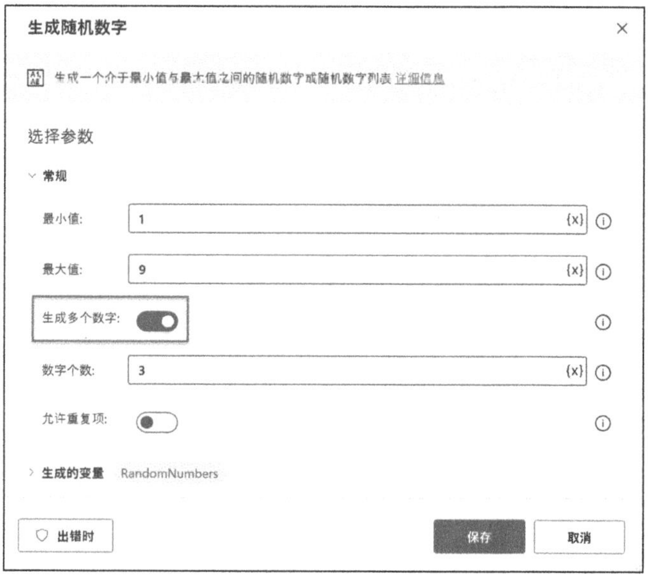

图 2.21 一次生成多个随机数字

图 2.22　由于变量名称发生改变导致的错误

（7）再次运行桌面流，可观察到随机生成的 3 个变量数值，见图 2.23。

图 2.23　一次显示多个随机数字

2.2.3　创建列表操作

（1）在【变量】下选择【创建新列表】①，在对话框内设置新列表的名称（例如 SkillList）②，单击【保存】按钮完成设置，见图 2.24。

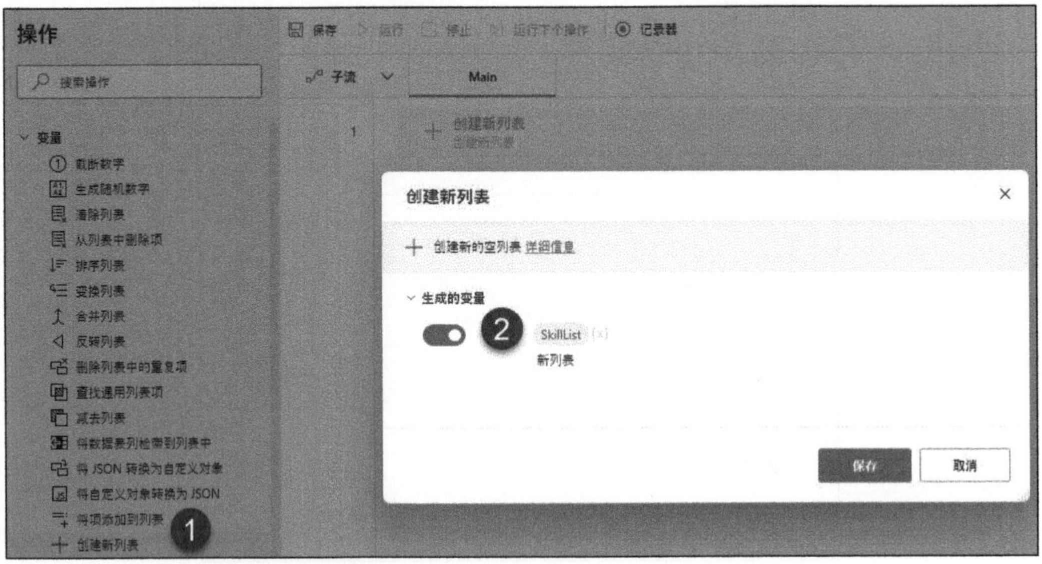

图 2.24　添加【创建新列表】操作

（2）接下来我们将【将项添加到列表】①添加到画布区中，在对话框的【添加项】中填入变量值（例如 Power BI）②，在【目标列表】中选择上一步创建的列表名称，单击【保存】按钮完成设置，见图 2.25。

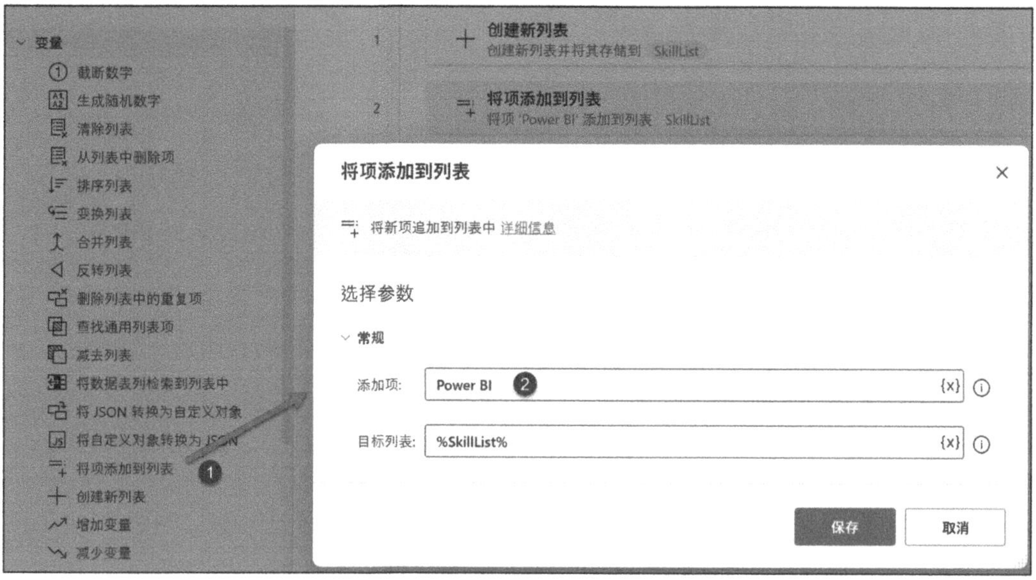

图 2.25　为列表添加第一个变量

（3）重复步骤（2）创建多个列表项（用户也可以使用 Ctrl+C、Ctrl+V 快捷键创建新列表项），并修改其中的值，效果见图 2.26。

图 2.26　重复添加列表项的效果

（4）最后我们设置提示消息，在对话框中选中列表属性【.Count】（代表对列表项计数），选中之后单击【选择】按钮，并单击【保存】按钮完成设置，见图 2.27。

将示例中【要显示的消息】中的值调整为：

```
我的核心技能有%SkillList.Count%项，它们分别是：
%SkillList%
```

（5）运行桌面流，在弹出的对话框中观察列表项的数量和信息，效果见图 2.28。

图 2.27　引用列表 SkillList 的属性 Count

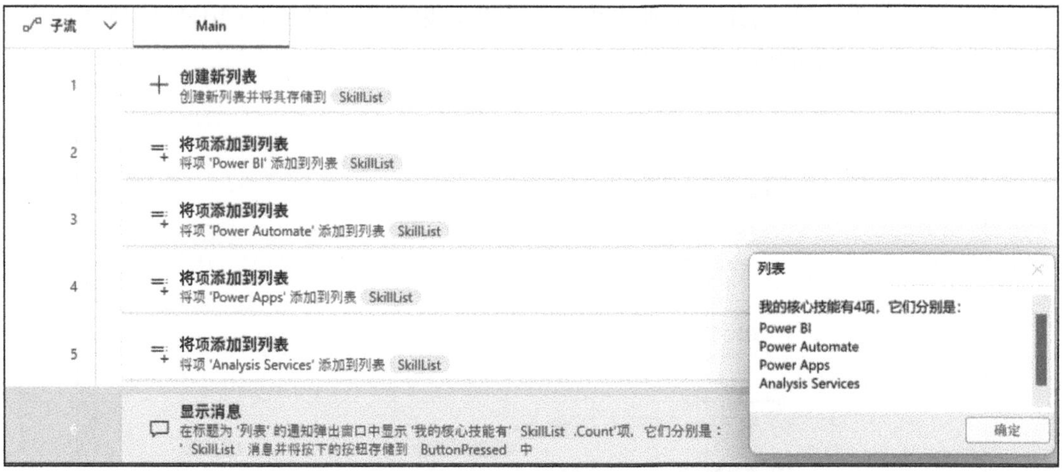

图 2.28　列表项的数量和信息

2.2.4　其他核心列表操作

1. 从列表中删除项

该操作用于从列表中删除项，【删除项的依据】支持【索引】和【值】两种依据（索引从 0 开始），比如列表的第一项为【Power BI】，我们可以选择【相应索引】为 0 或者【值】为 Power BI 将其删除，见图 2.29。

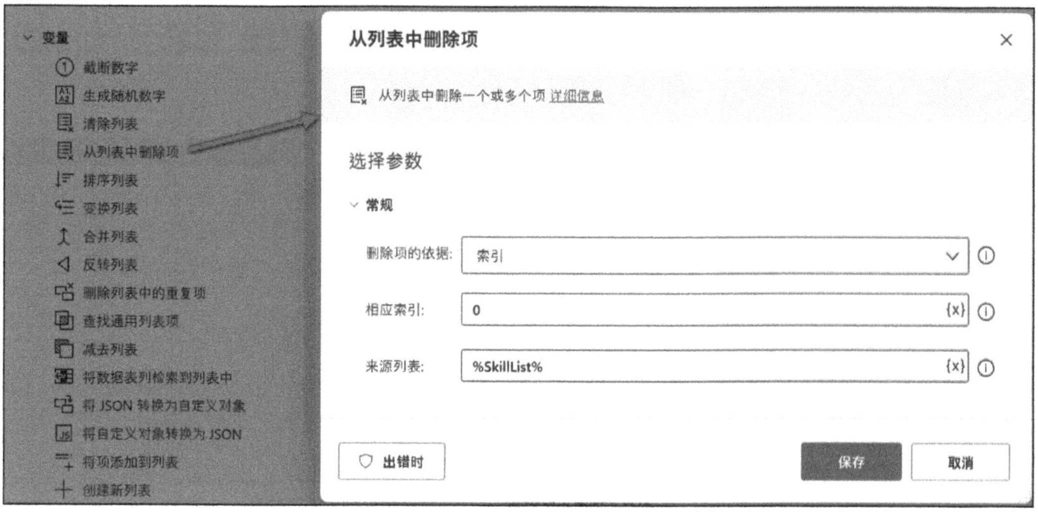

图 2.29　从列表中依据索引删除项

2. 清除列表

该操作用于将整个列表中的项删除，见图 2.30。

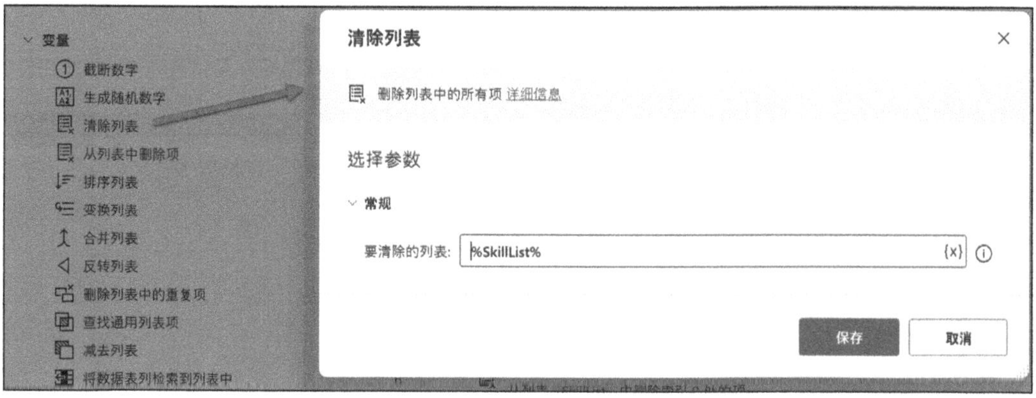

图 2.30　清除整个列表的项

3. 删除列表中的重复项

该操作用于删除列表中的重复项，操作中还有一个【搜索重复项时忽略文本大小写】选项，用于大小写敏感设置，见图 2.31。

4. 变换列表

该操作用于随机排列列表成员，当使用时桌面流会随机地变换列表的顺序，见图 2.32。

5. 反转列表

该操作用于对列表项进行反转，例如前文中【Power BI】为排序第一的项，使用该操作后，【Power BI】为排序最后的项，见图 2.33。

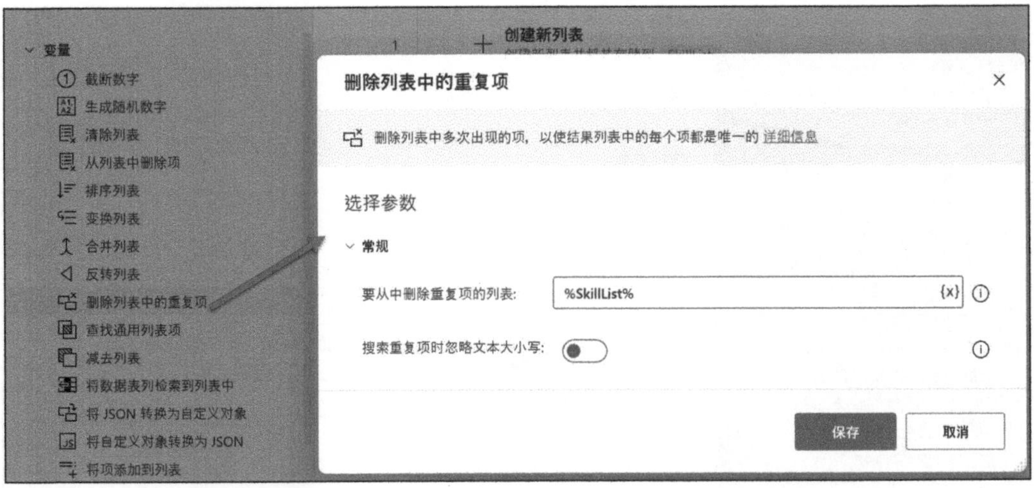

图 2.31　添加【删除列表中的重复项】操作

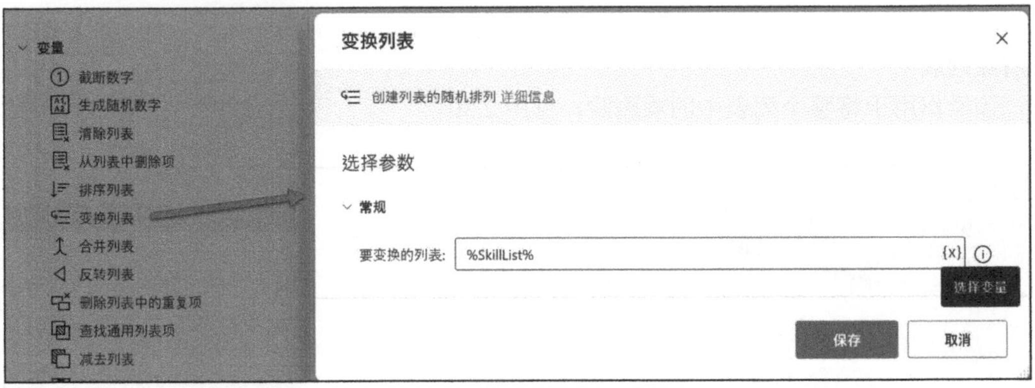

图 2.32　添加【变换列表】操作

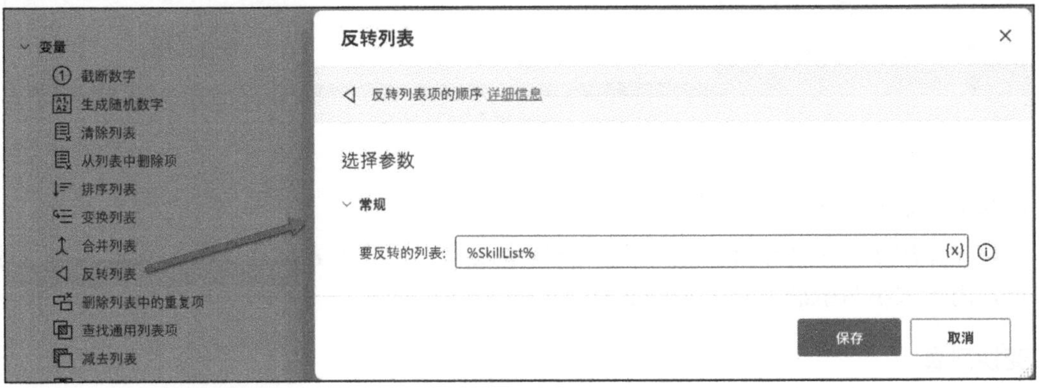

图 2.33　添加【反转列表】操作

6. 排序列表

该操作用于对列表进行自定义排序，比如按列表项的属性进行升序或降序排序，该操作最多可以支持两种属性排序，见图 2.34。

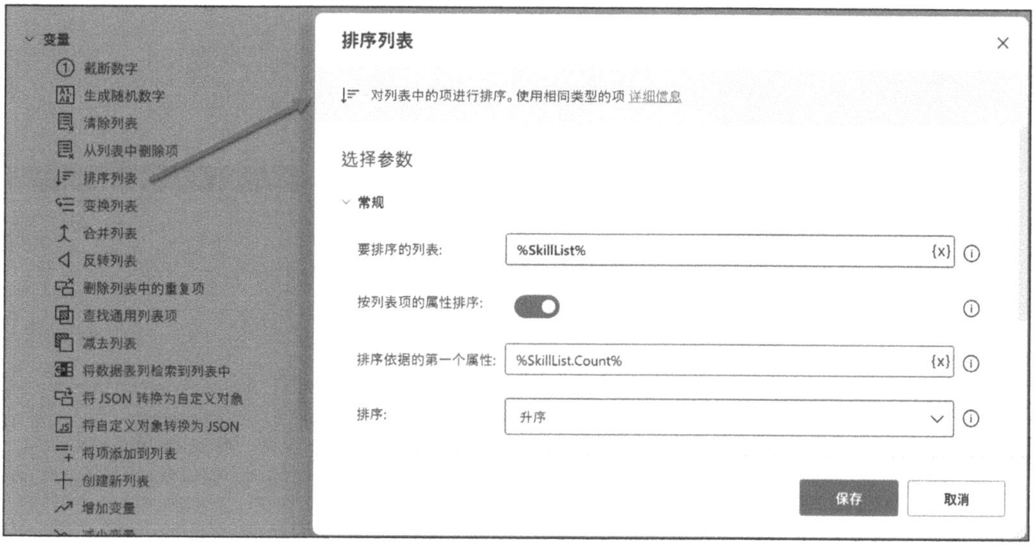

图 2.34 添加【排序列表】操作

7. 减去列表

该操作用于比较两个列表，并返回在第一个列表中但不在第二个列表中的项，见图 2.35。

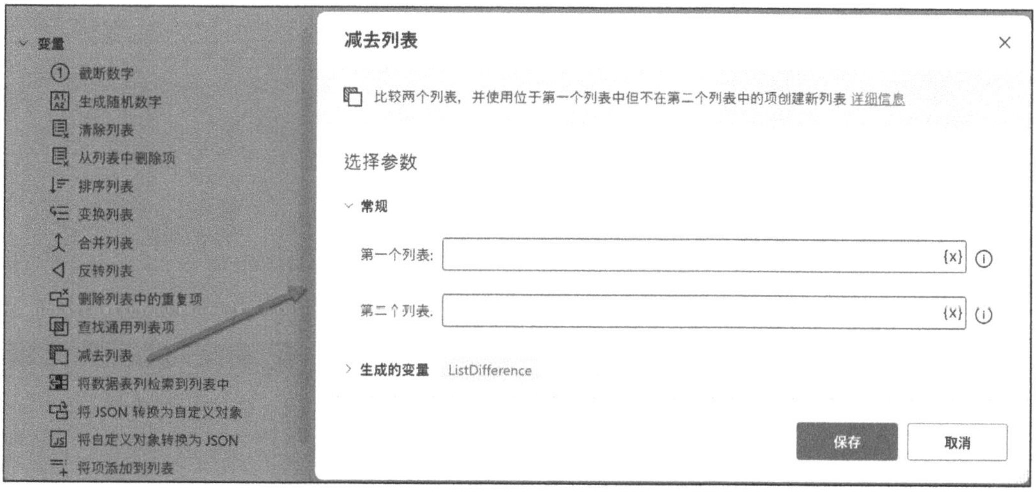

图 2.35 添加【减去列表】操作

8. 查找通用列表项

该操作用于找出两个列表中的相同项并返回列表，见图 2.36。

9. 合并列表

该操作用于将两个列表中的项进行合并并返回合并列表，见图 2.37。

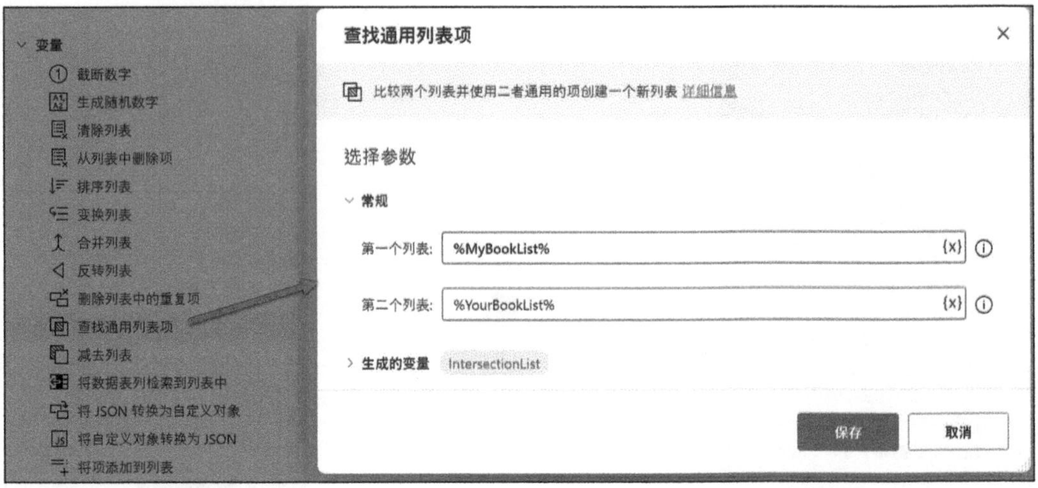

图 2.36 添加【查找通用列表项】操作

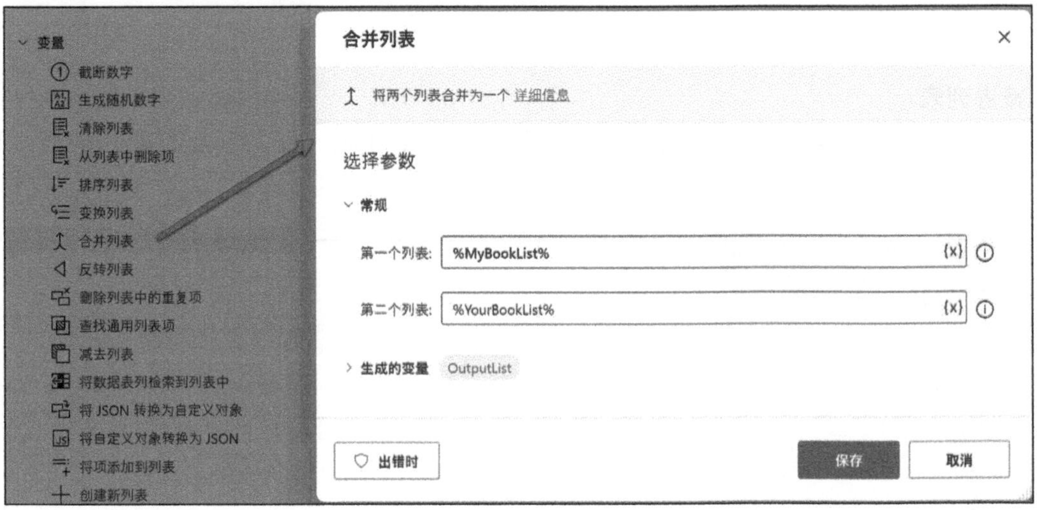

图 2.37 添加【合并列表】操作

2.3 条件操作

本节将介绍常用的条件操作及相关知识：If、Else 和 Switch。首先声明，目前 Power Automate Desktop 不支持使用中文变量名称，因此本书将沿用英文变量名称，见图 2.38。

2.3.1 If、Else 条件判断

If 是我们在 Excel 中经常用到的一种条件判断，在 Power Automate Desktop 中除了支持 If 判断，也支持 Else、Else if 等条件判断，用户还可以将它们进行组合使用。在以下例

子中，我们将通过使用 If 组合演示图 2.39 中的判断逻辑。

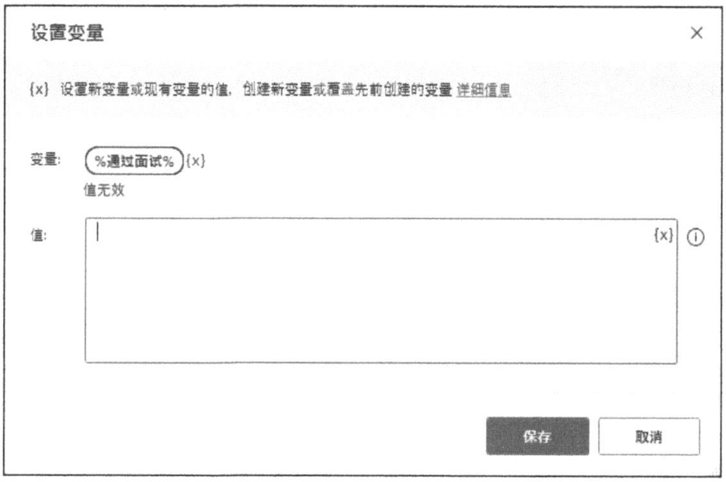

图 2.38　目前 Power Automate Desktop 不支持中文变量名称

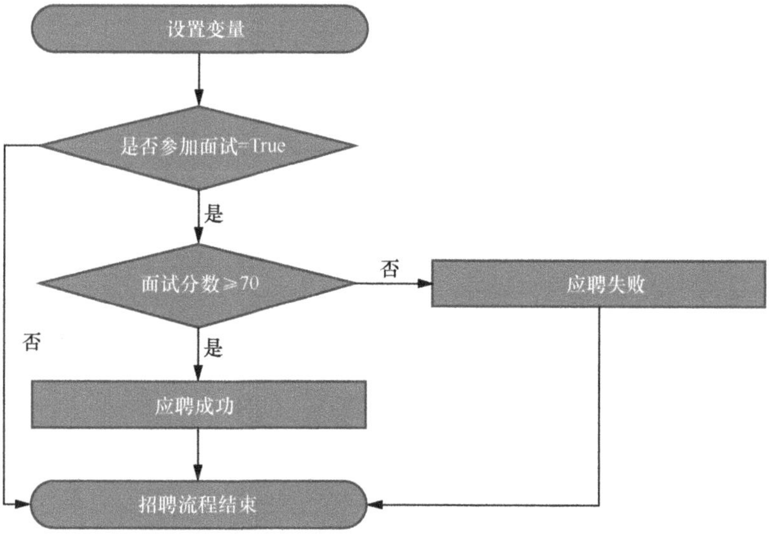

图 2.39　双重条件判断流程示意

（1）首先，我们在画布区中添加一个变量 %AttendedInterview%（表示是否参加面试），并将其默认值设为 True（大小写敏感），将【条件】下的【If】放进画布区中，并参照图 2.40 设置【第一个操作数】①、【运算符】②和【第二个操作数】③，单击【保存】按钮完成设置。If 条件设置完成后，其效果见图 2.41。

（2）然后我们设置第 2 个变量 %Marks%（代表面试分数），此时放入第 2 个 If 操作，嵌套到第 1 个 If 操作中间，并设置判断条件，形成双重判断语句，设置【显示消息】，见图 2.42。

（3）接下来我们用 Else 语句表示当不满足 %Marks%>=70 或 %AttendedInterview% 不等于 True 的情况，并设置对应的【显示消息】，见图 2.43。

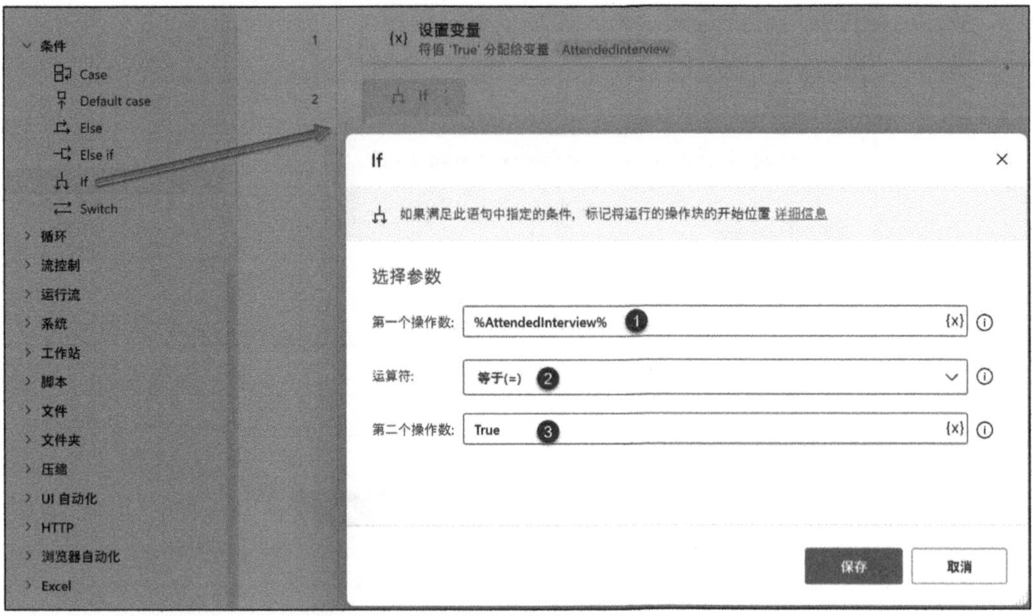

图 2.40　设置第一个 If 条件判断逻辑

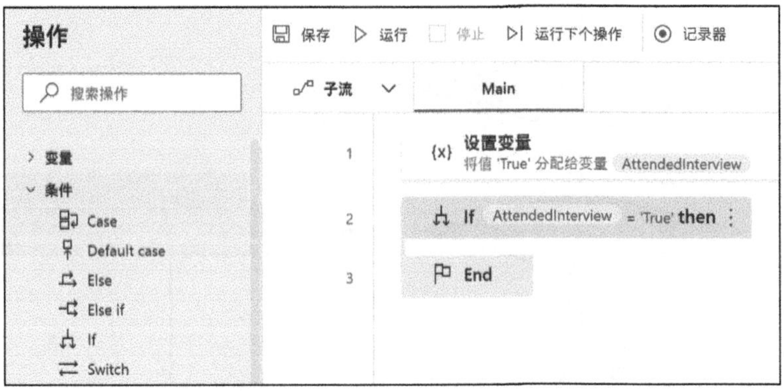

图 2.41　成功设置完成 If 后的效果

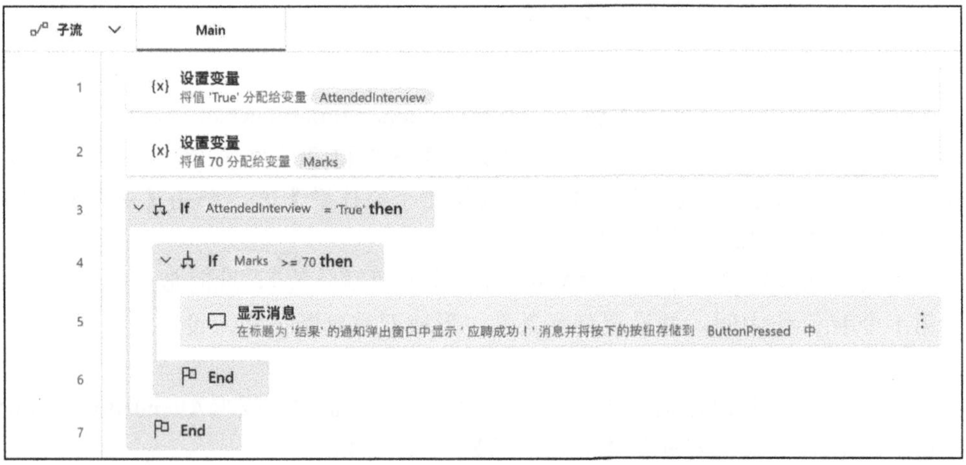

图 2.42　设置 If 嵌套语句

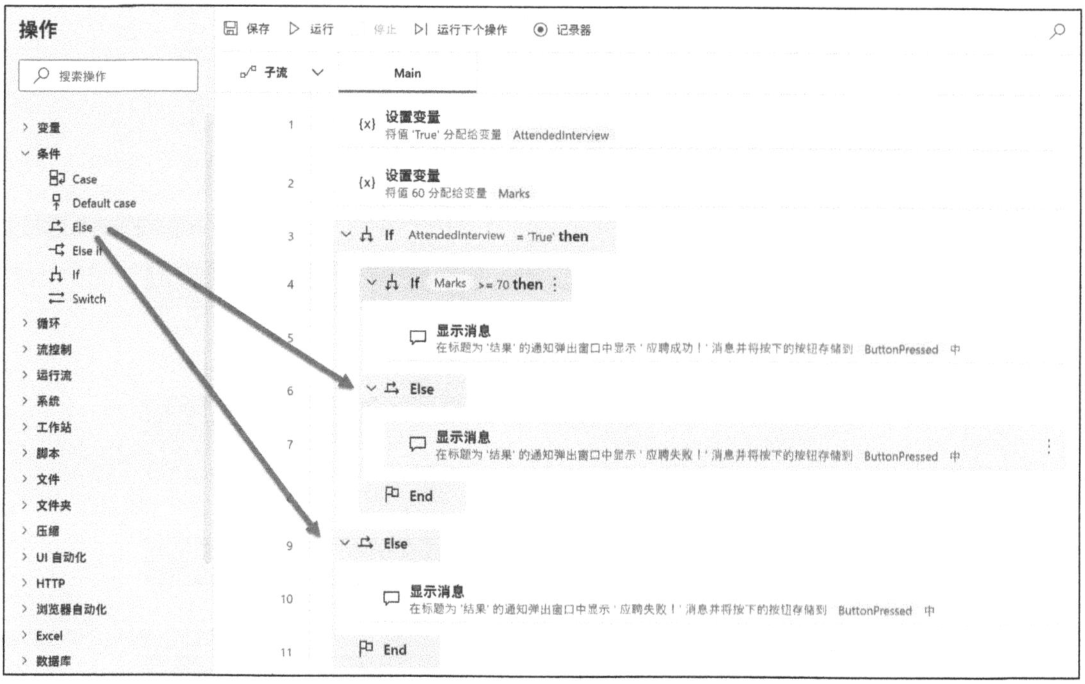

图 2.43 在 If 判断中添加 Else 条件

（4）运行该桌面流，验证判断逻辑生效，见图 2.44。至此，我们完成了双重 If 的逻辑判断。

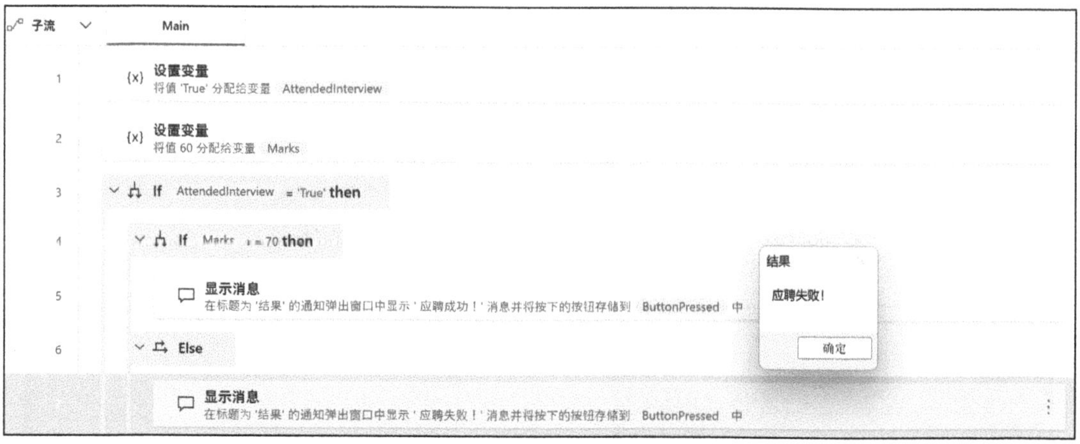

图 2.44 If 判断桌面流执行结果

2.3.2 Switch 条件判断

图 2.45 中的分数条件判断逻辑比之前图 2.39 的判断条件更复杂，我们当然可以用 If…else…if…else…if…else…end 这样的方式满足需求，但这样的语句会令公式变得庞大甚至难以理解，而使用 Switch 则可以保持代码的简洁与高效。本节将演示 Switch 操作的用法。

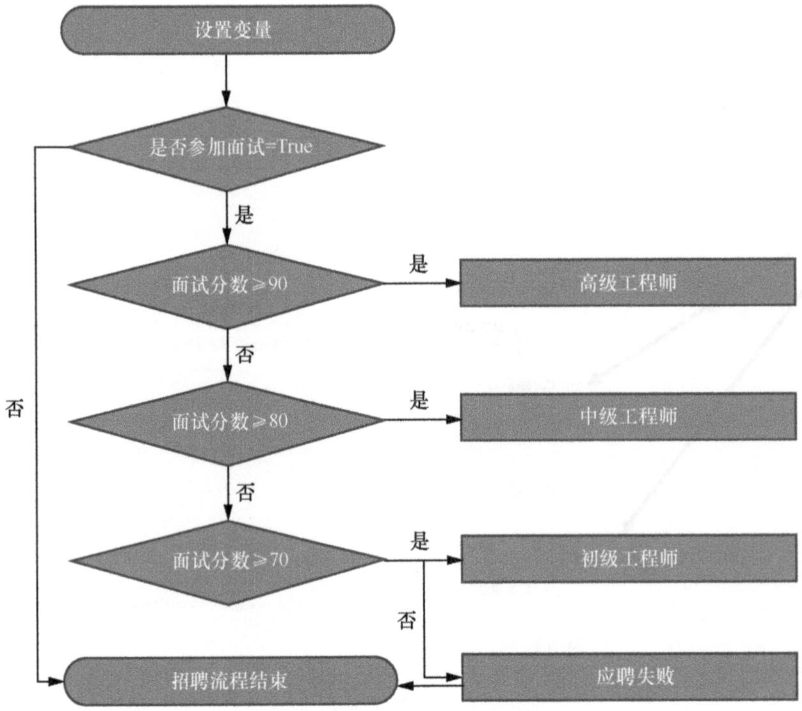

图 2.45　复杂条件判断流程示意

（1）首先，我们提前设置变量值，保留第一个 If 条件判断语句，将【Switch】操作嵌套在其中，将【要检查的值】设置为 %Marks%，单击【保存】按钮完成设置，见图 2.46。

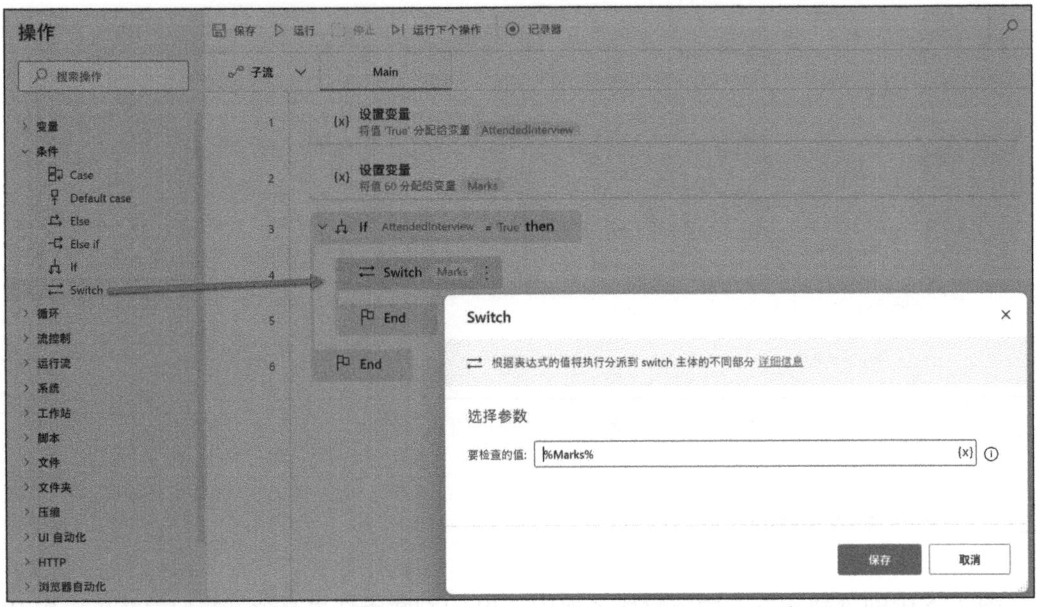

图 2.46　添加【Switch】操作

（2）参照图 2.47 将【Case】操作嵌套至【Switch】操作中，【运算符】设置为“大于

或等于 (>=)”，将【要比较的值】设置为 90。

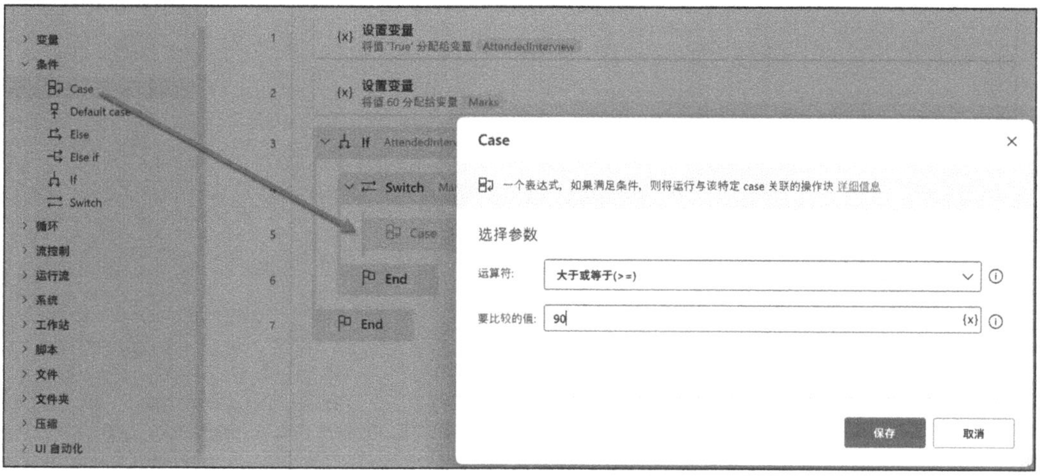

图 2.47 添加 Case ≥ 90 操作

（3）重复以上的操作设置，添加更多的【Case】操作，并完成条件设置，结尾添加一个【Default case】作为其他情况判断之用，见图 2.48。

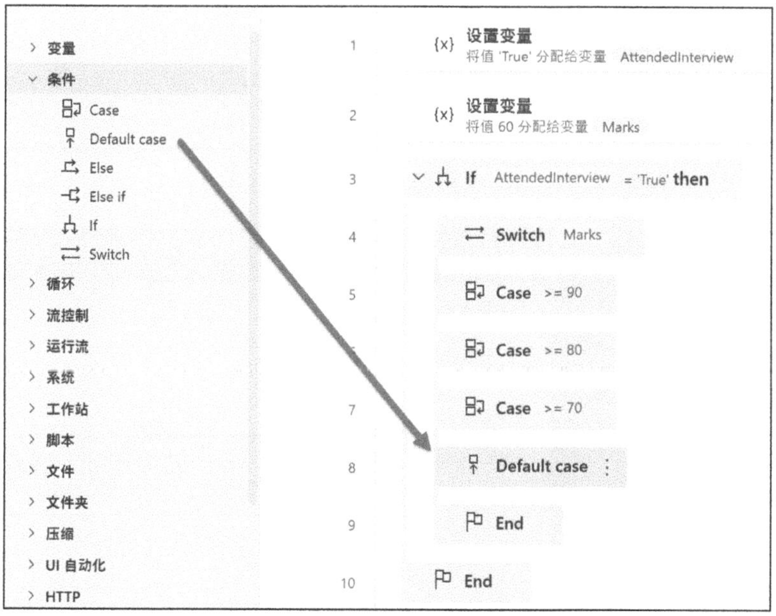

图 2.48 添加【Default case】操作

（4）为每个【Case】和【Default case】分别设置对应的【显示消息】语句，这样便完成了 Switch 组合的构建，见图 2.49。

（5）读者可能会问：以上的示例都是静态变量，需要提前预设，有没有办法采用对话框输入方式呢？答案是有，让我们删除【设置变量】操作，在【消息框】中将【显示输入对话框】操作放入画布区最上方，并参照图 2.50 设置其中的内容。

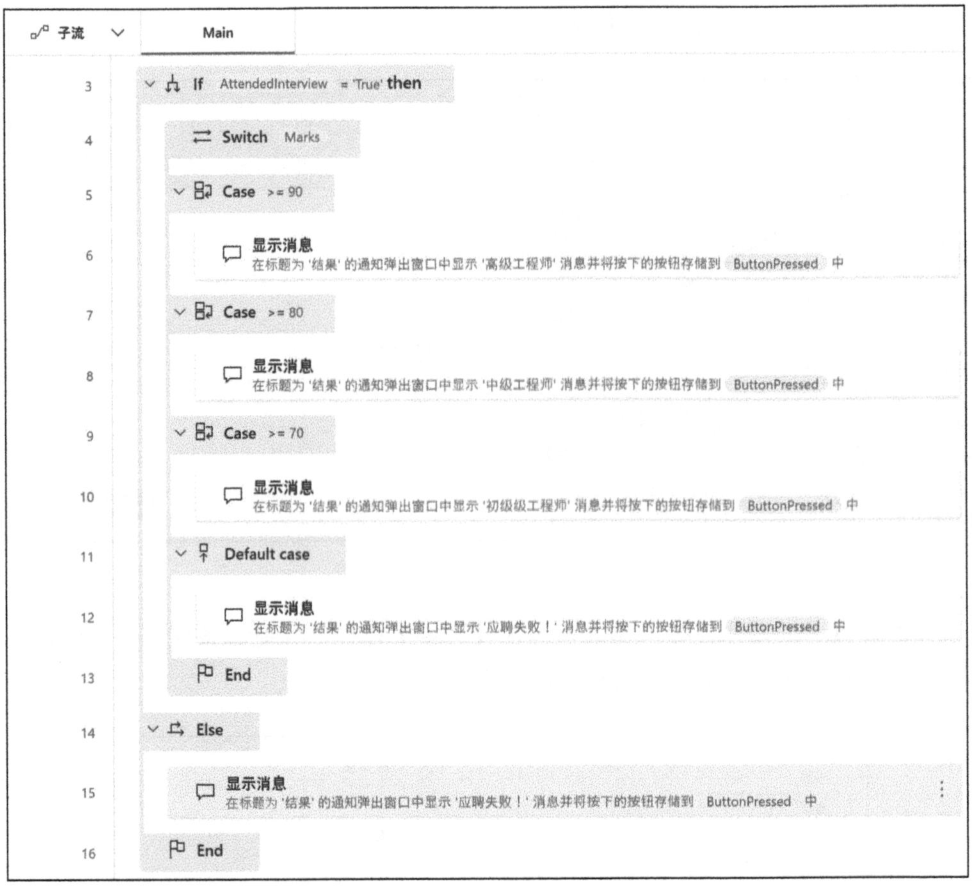

图 2.49　添加【显示消息】操作

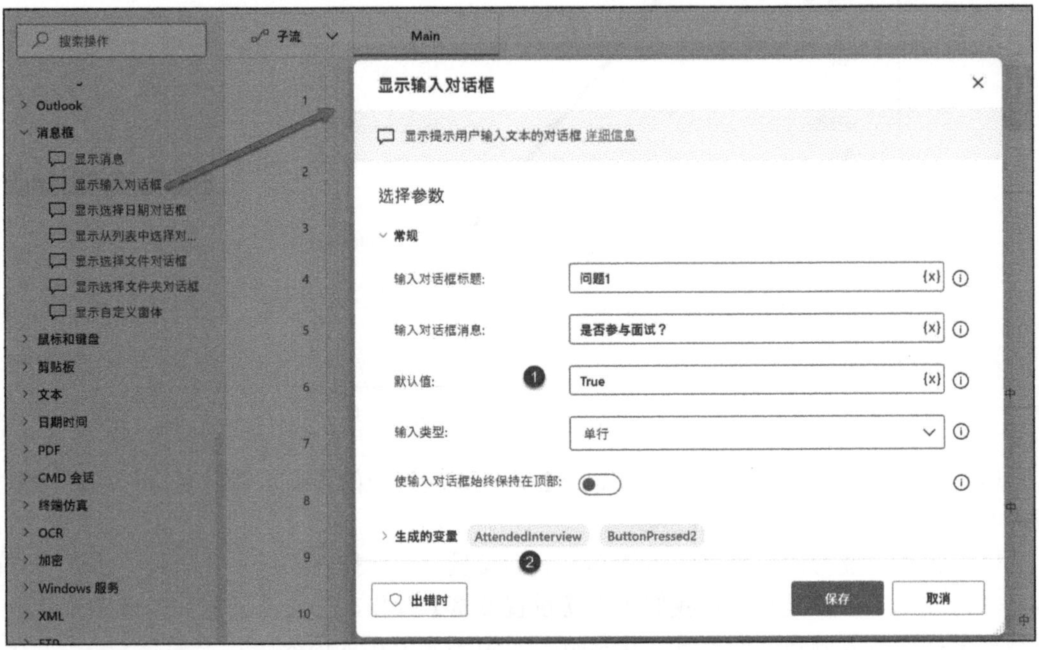

图 2.50　添加【显示输入对话框】操作

（6）再次执行桌面流，Power Automate Desktop 会弹出输入对话框，默认值为 True，见图 2.51。将其改为 False，单击【OK】按钮继续。

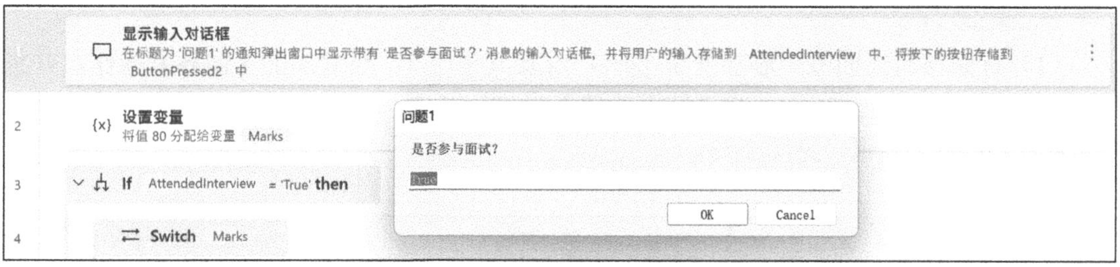

图 2.51 输入变量

（7）执行桌面流，见图 2.52。读者也可以尝试将【设置变量】操作 %Marks% 改为【显示输入对话框】形式，并测试效果。

图 2.52 Switch 逻辑下的判断结果

2.4 循环操作

【循环】操作是桌面流中另一组核心逻辑，循环会持续执行指令直至判断条件不再被满足，从而结束循环。本节将演示 3 个主要循环语句【循环】【循环条件】【for each】，和两个特殊操作【Next 循环】【退出循环】。

2.4.1 循环

有编程经验的读者可能对下述这段 for…循环语句不会感到陌生，它的含义是从 i=1

开始循环执行 {} 中的代码，每次执行完成后便对 i 进行加 1 操作，直至 i>5 循环结束，本节将通过桌面流实现该逻辑。

```
for(i = 1; i <= 5; i++)
{Code here}
```

（1）首先在新桌面流中添加变量 %i%，设置其等于 1，然后添加【循环】操作，并将【开始位置】设定为 %i% ①，将【结束位置】设定为 5 ②，将【增量】设定为 1 ③，单击【保存】按钮完成设置，见图 2.53。

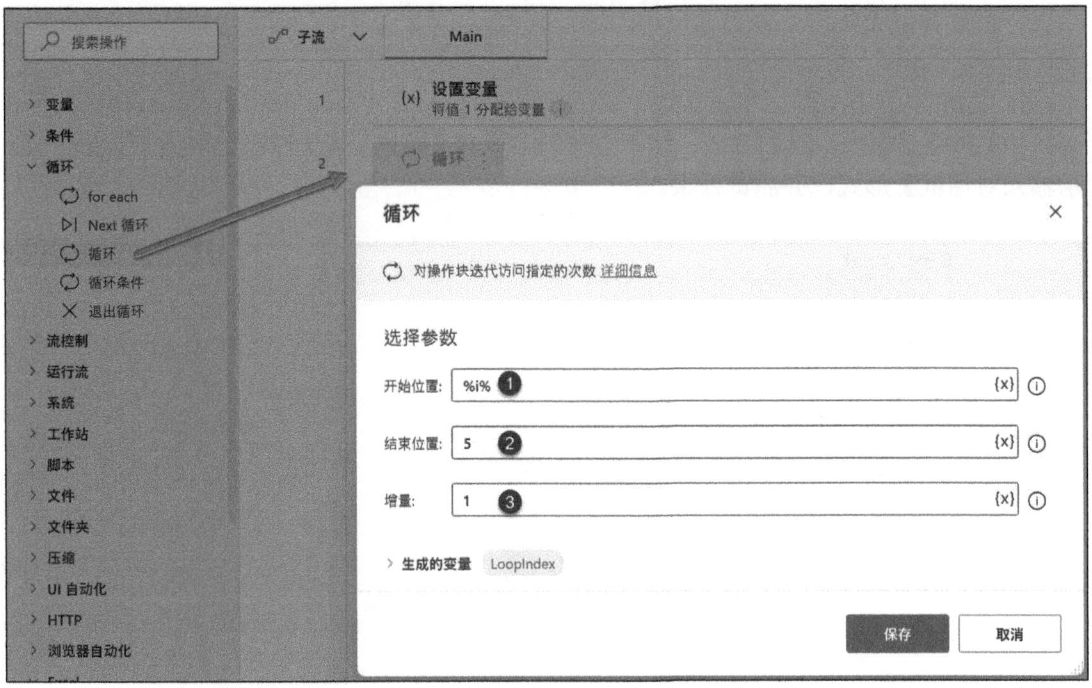

图 2.53 设置第一个【循环】操作

图 2.54 所示为设置【循环】后的示意，【循环】默认生成一个 %LoopIndex% 变量。

图 2.54 【循环】逻辑示意

（2）在循环中放入【显示消息】，使其引用 %LoopIndex% 变量，单击【保存】按钮完成设置，见图 2.55。

（3）执行桌面流，观察到对话框一共弹出 5 次，见图 2.56。

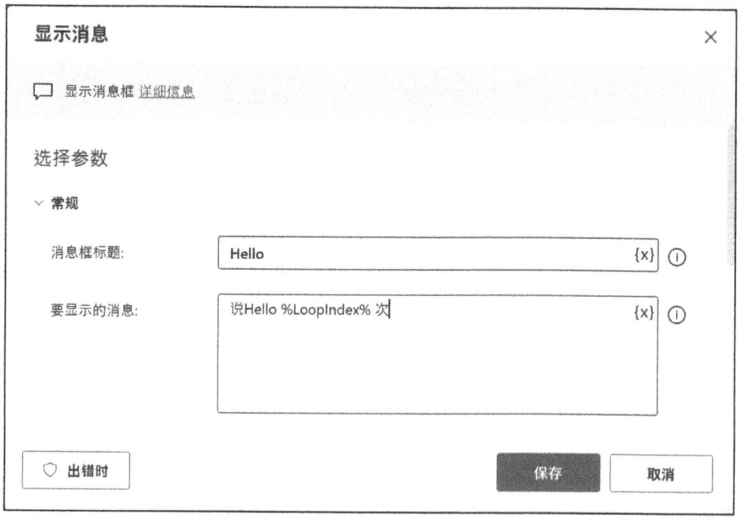

图 2.55 设置引用 %LoopIndex% 变量

图 2.56 【循环】操作执行结果

2.4.2 循环条件

【循环条件】其实是【循环】的变体，其用法与【循环】类似，以下这段代码代表【循环条件】的逻辑，下面让我们学习在实际中如何设置【循环条件】。

```
While(i <= 5)
{Code here;
i++}
```

（1）首先在新桌面流中添加变量 %i%，设置其等于 1，添加【循环条件】操作，并将【第一个操作数】设定为“%i%”①，将【运算符】设定为“小于或等于 (< =)”②，将【第二个操作数】设定为“5”③，单击【保存】按钮完成设置，见图 2.57。

（2）为【循环条件】添加【显示消息】，因为【循环条件】本身不带增量，因此我们要在【循环条件】中添加【增加变量】，每次循环 i 的增量为 1，见图 2.58。此处的执行效果与之前的【循环】示例的完全相同，这便是【循环条件】的基本用法。

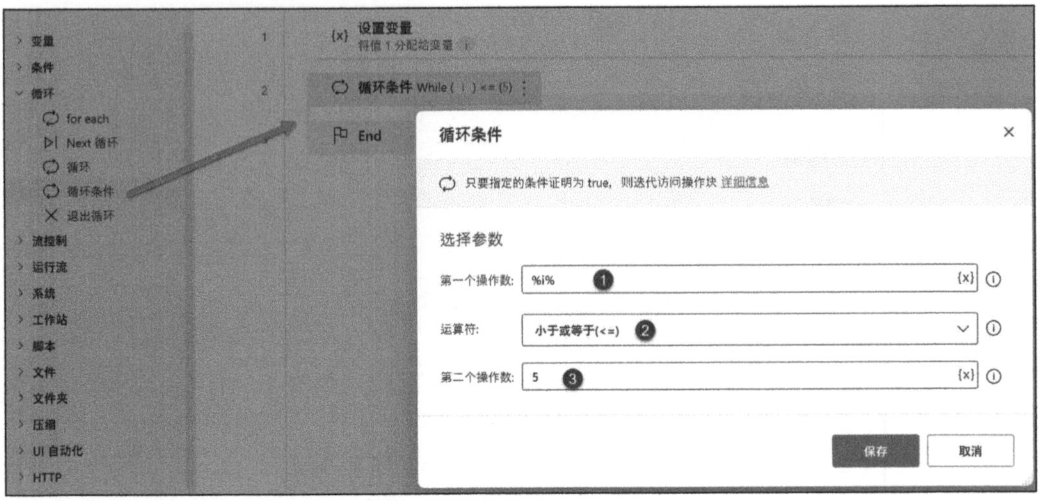

图 2.57　设置【循环条件】

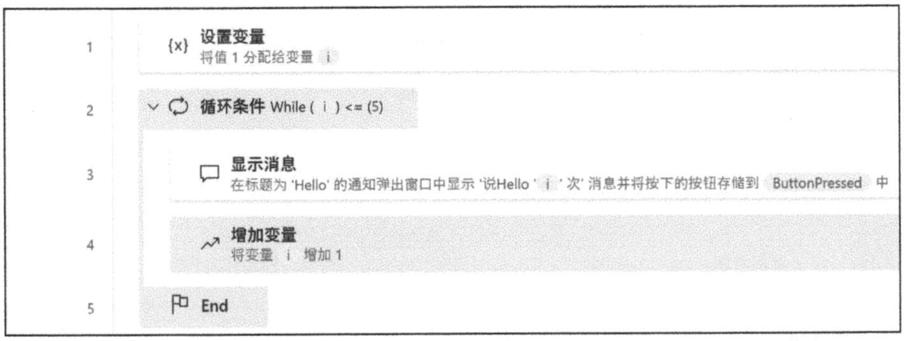

图 2.58　为【循环条件】添加【增加变量】

（3）让我们同时了解【Next 循环】的用法，先添加一个 If i=4 的判断条件，嵌套【Next 循环】操作，并设置【显示消息】和【增加变量】，见图 2.59。

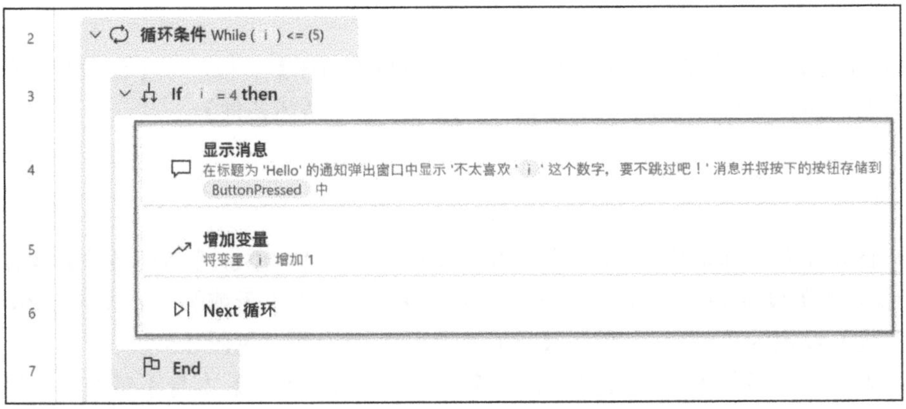

图 2.59　添加【Next 循环】操作

（4）执行桌面流，当 i=4 时，【Next 循环】将跳过后续的操作，直接返回步骤（3），见图 2.60。

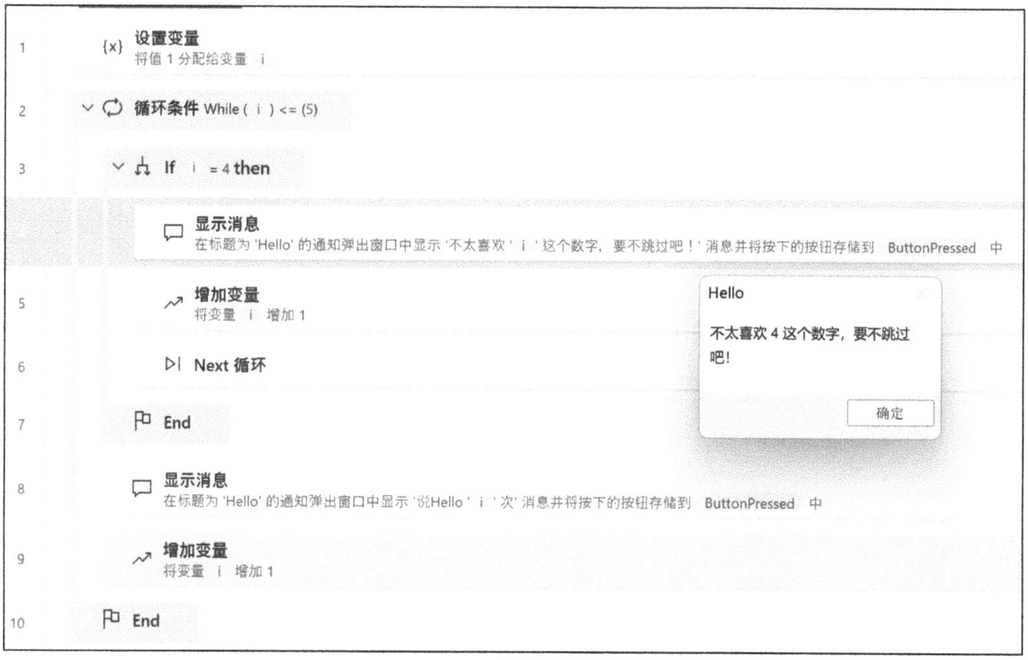

图 2.60 当 i=4 时，【Next 循环】直接跳至下一次循环

（5）【退出循环】则代表退出整个循环。让我们再添加一个 If i=3 的判断条件，将【退出循环】嵌套在其中，并设置【显示消息】，见图 2.61。

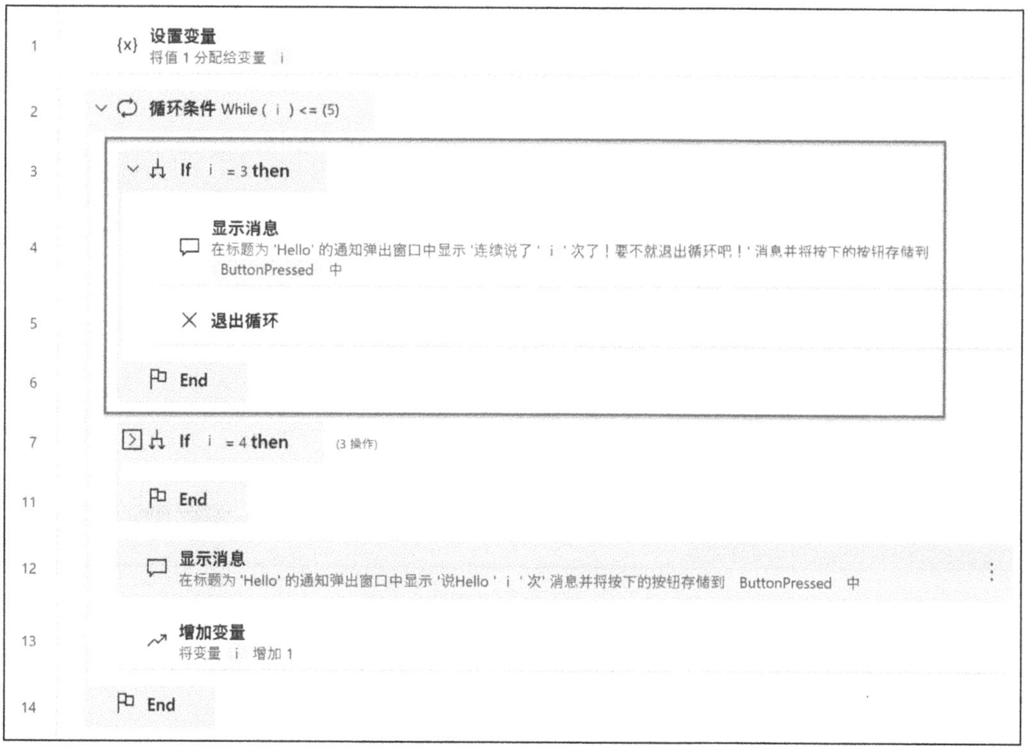

图 2.61 添加【退出循环】操作

（6）执行桌面流，当 i=3 时，桌面流将退出整个循环，见图 2.62。

图 2.62 当 i=3 时，桌面流退出循环

2.4.3 for each

在图 2.28 中，我们使用列表一次性显示所有列表项信息，但是如果需要逐个显示列表项，那【for each】便是一个理想的操作，本节演示如何设置相关操作。

（1）先参考图 2.28 创建列表并添加项，将【for each】拖入画布区中，将【要迭代的值】设置为 %SkillList%，单击【保存】按钮完成设置，见图 2.63。

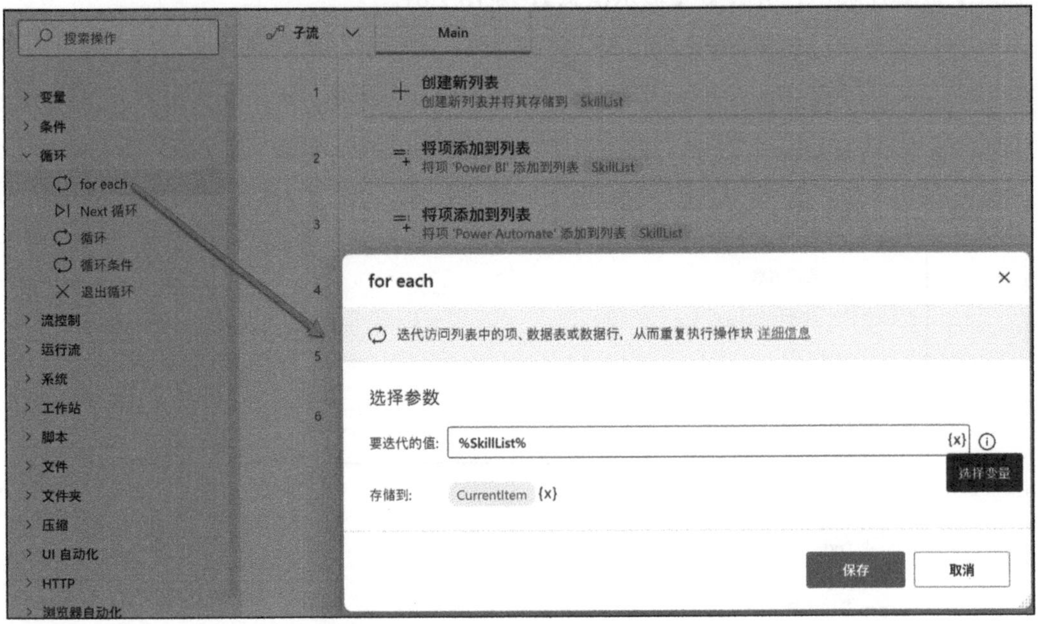

图 2.63 添加【for each】操作

（2）因为【for each】会将 %SkillList% 中的项存储到 %CurrentItem% 中，因此我们在【显示消息】中便可直接引用该变量，见图 2.64。

图 2.64　在【显示消息】中引用 %CurrentItem% 变量

（3）设置【显示消息】，执行桌面流，【for each】将循环 4 次，每一次显示一个项，见图 2.65。

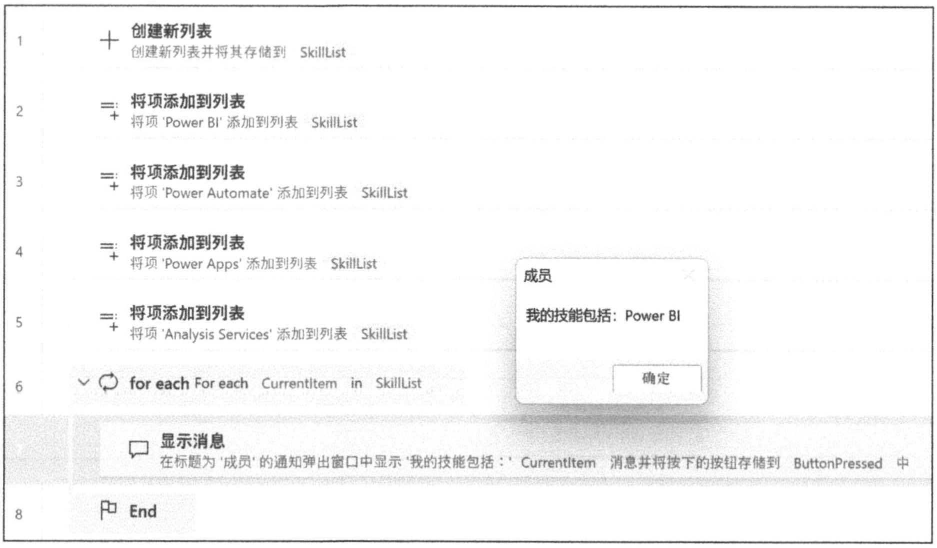

图 2.65　【for each】循环显示 %SkillList% 变量

【本章小结】

本章主要介绍了菜单、变量、条件与循环等基础操作方面的知识。虽然这部分的内容比较基础，但夯实这部分的操作实践并加以融会贯通，有助于读者在后续的进阶学习中创建更为复杂的桌面流。

第 3 章　Excel、文件与文件夹、Outlook 与电子邮件核心操作

3.1　Excel 核心操作

在第 1 章中我们学习了简单的启动与关闭 Excel 操作，而桌面流还支持多种 Excel 操作，本节内容将演示关于读取和写入 Excel，以及其他核心 Excel 操作。第 2 章介绍了逻辑相关的操作，内容不涉及具体应用。从第 3 章开始，我们将学习与应用相关的操作。本章将演示包括 Excel、文件与文件夹、Outlook 与电子邮件等应用方面的核心操作。

3.1.1　读取和写入 Excel 核心操作

本示例的 Excel 文件中包含两张工作表，桌面流将读取活动工作表中的内容，并将其写入新文件，见图 3.1。

图 3.1　一个含有两张工作表的工作簿

（1）首先为桌面流添加【启动 Excel】操作，并将【文档路径】设置为示例文件所在路径，留意该操作返回变量 %ExcelInstance%，单击【保存】按钮完成设置，见图 3.2。

（2）添加【获取 Excel 工作表中的第一个空闲列 / 行】操作，该操作根据提供的【Excel 实例】返回变量 %FirstFreeColumn% 和 %FirstFreeRow%，分别代表活动工作表中的第一个空闲列和第一个空闲行，单击【保存】按钮完成设置，见图 3.3。

（3）接下来添加【从 Excel 工作表中读取】操作，在此设置【Excel 实例】为 %ExcelInstance% ①，在【检索】中选择【一组单元格中的值】②，【起始列】为 A ③，【起始行】为 1 ④，【结束列】为 %FirstFreeColumn-1% ⑤，【结束行】为 %FirstFreeRow-1% ⑥，

该操作默认返回变量 %ExcelData%，单击【保存】按钮完成设置，见图 3.4。

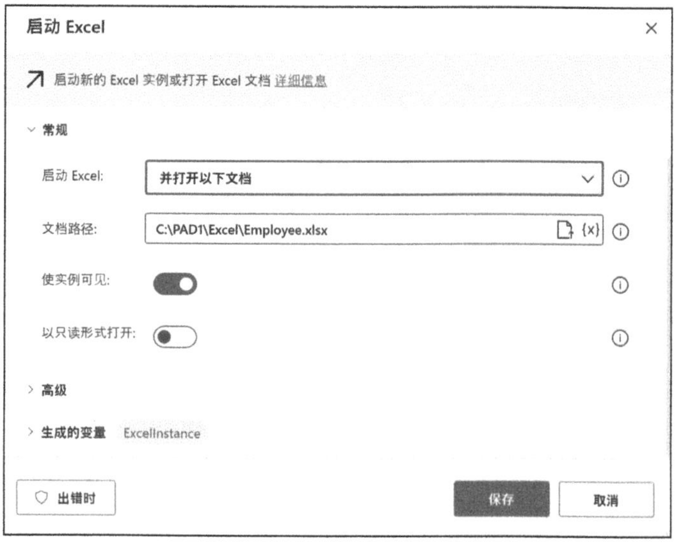

图 3.2 添加【启动 Excel】操作示意

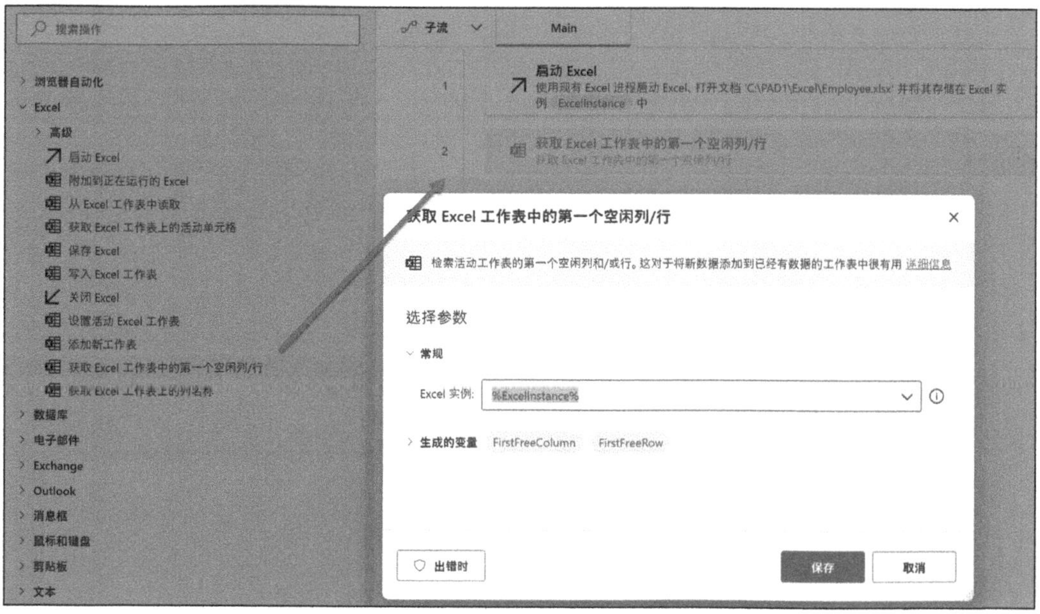

图 3.3 添加【获取 Excel 工作表中的第一个空闲列 / 行】操作

为验证逻辑的准确性，我们可先执行一次桌面流，待完成后，单击【流变量】中的【ExcelData】，在弹出的对话框中观察变量值，见图 3.5。

（4）添加【写入 CSV 文件】操作，在此设置【要写入的变量】为 %ExcelData% ①，在【文件路径】中填入要创建的文件名称与路径（如果文件不存在，则生成新文件）②，单击【保存】按钮完成设置，见图 3.6。图 3.7 所示为完整的桌面流步骤。

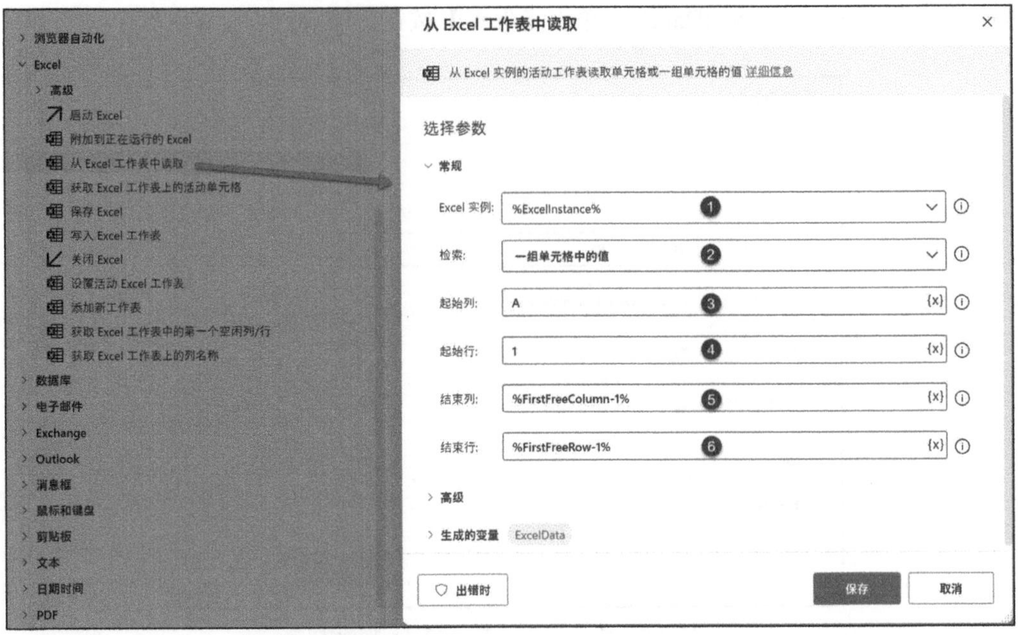

图 3.4 添加【从 Excel 工作表中读取】操作

图 3.5 查看 %ExcelData% 变量值

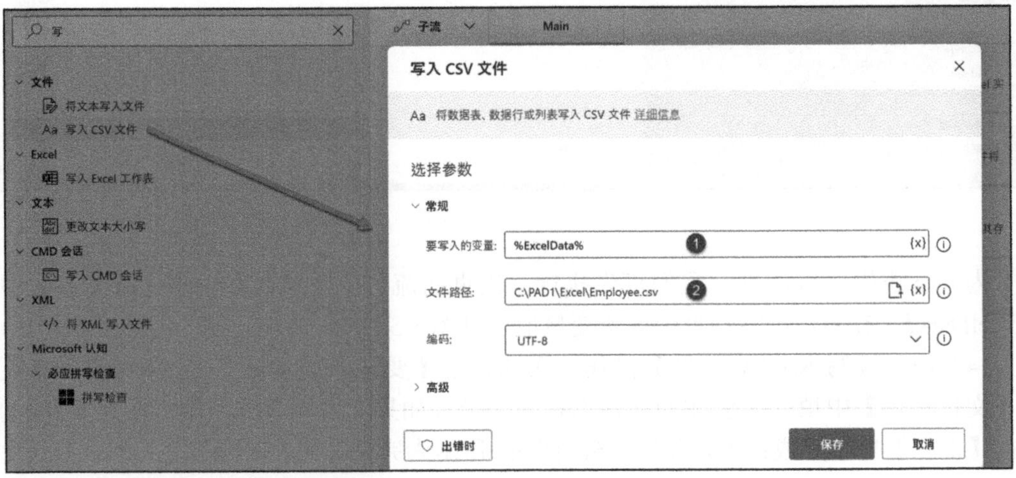

图 3.6 添加【写入 CSV 文件】操作

图 3.7 完整的桌面流步骤

（5）再次执行桌面流，在指定的文件夹中打开新创建的 CSV 文件，见图 3.8。

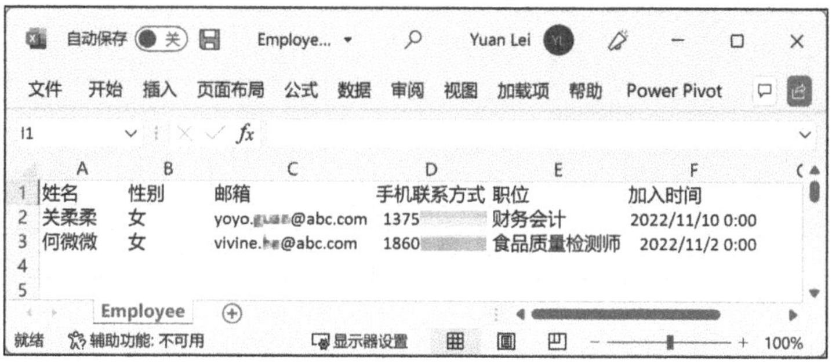

图 3.8 通过执行桌面流所返回产生的 CSV 文件

（6）在弹出的对话框中，设置【Excel 实例】为“%ExcelInstance%”①，【保存模式】为“文档另存为”②，在【文档路径】中填入要创建的文件名称与路径（如果文件不存在，则生成新文件）③，见图 3.9。

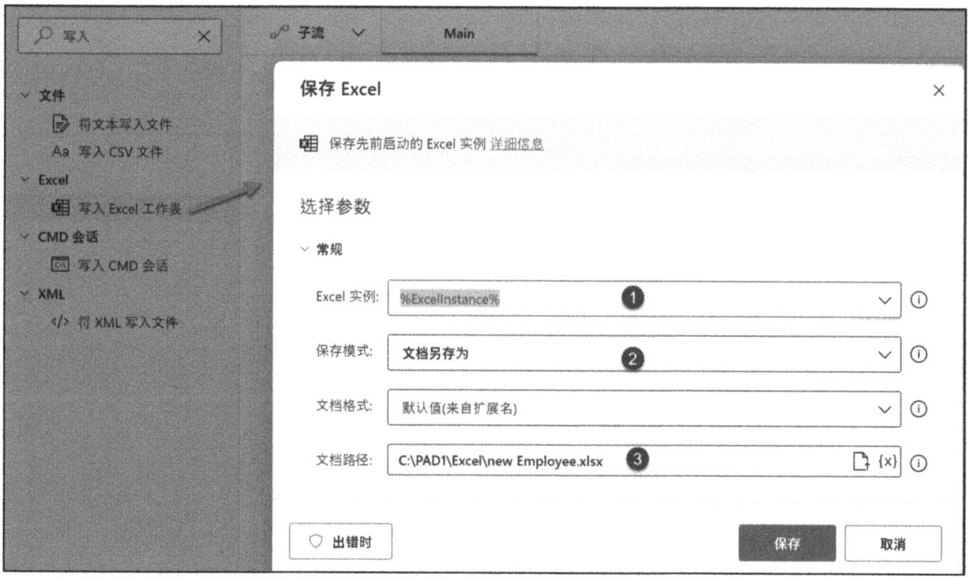

图 3.9 添加【保存 Excel】操作

3.1.2　其他 Excel 核心操作

读取和写入 Excel 操作无疑是最重要的 Excel 操作，本节会演示除此之外的核心 Excel 操作。

1. 设置活动 Excel 工作表

该操作用于设定工作簿中的活动工作表，【激活工作表】支持【名称】和【索引】两种方式，见图 3.10 与图 3.11。

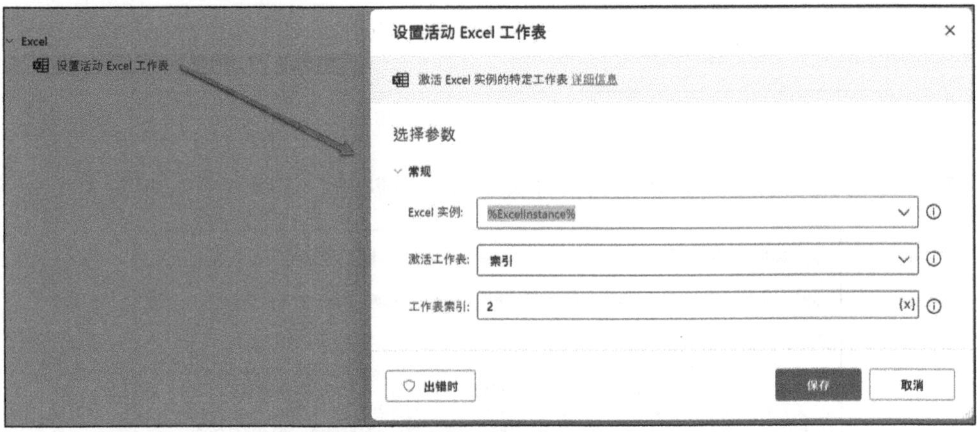

图 3.10　添加【设置活动 Excel 工作表】操作

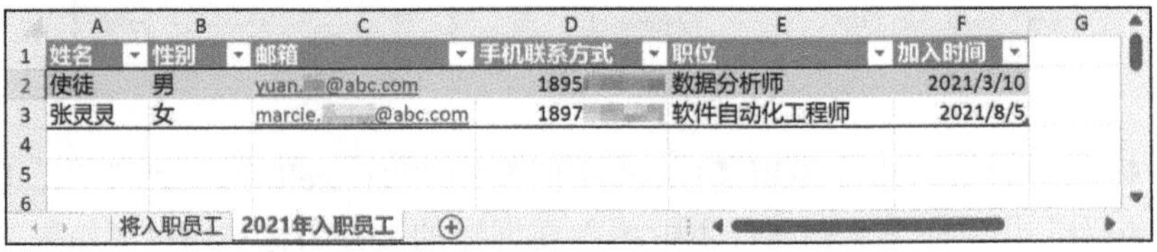

图 3.11　设置索引为 2 的活动 Excel 工作表

2. 获取活动 Excel 工作表

该操作用于获取指定工作簿中活动工作表的信息，操作返回变量 %SheetName% 和 %SheetIndex%，分别代表工作表名称与工作表索引，见图 3.12。

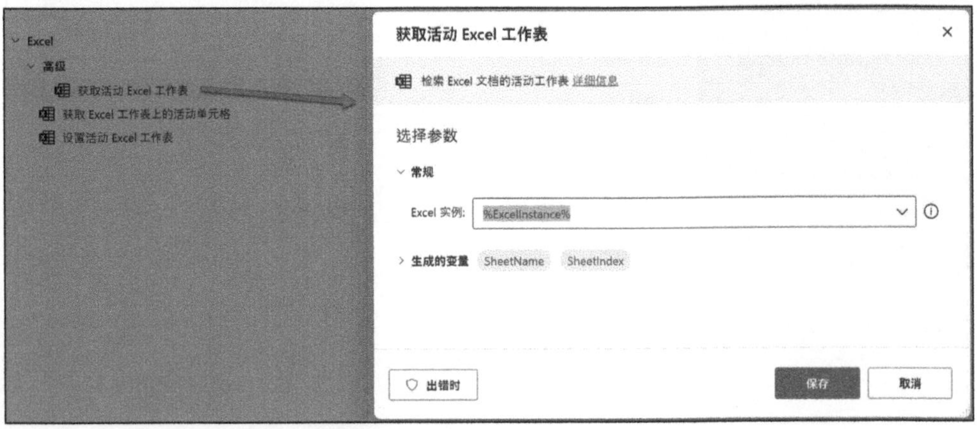

图 3.12　添加【获取活动 Excel 工作表】操作

当执行该操作后，【流变量】显示具体的变量返回值，见图 3.13。

图 3.13 查看获取活动 Excel 工作表所返回的变量

3. 重命名 Excel 工作表

该操作用于改动指定工作表的名称，【重命名工作表】支持【名称】和【索引】两种方式，见图 3.14。

4. 将行 / 列插入 Excel 工作表

【将行插入 Excel 工作表】与【将列插入 Excel 工作表】用于为指定工作表添加新行 / 列，图 3.15 所示为【将列插入 Excel 工作表】操作示意，【列】支持字母或者数字这两种方式，图 3.16 所示为 Excel 操作结果。

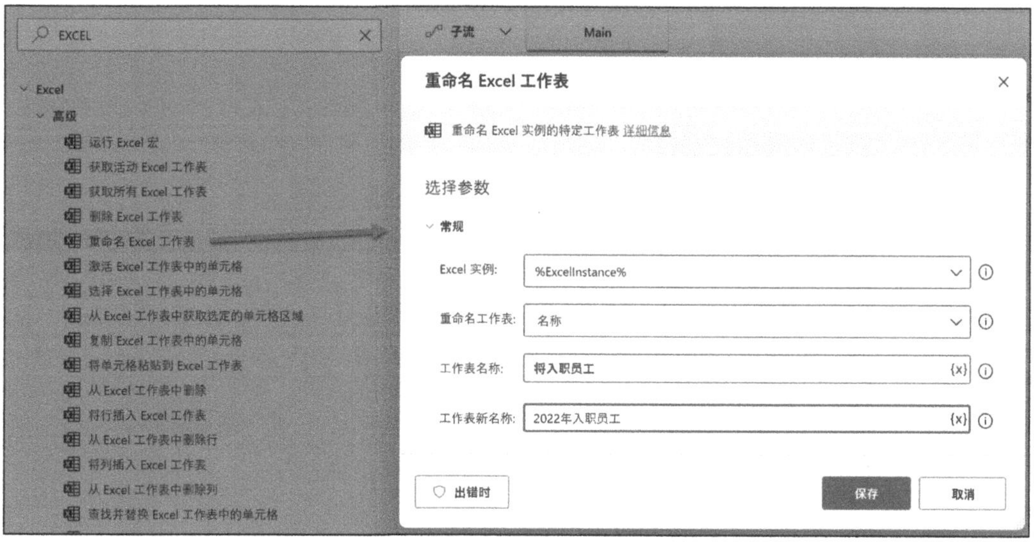

图 3.14 添加【重命名 Excel 工作表】操作

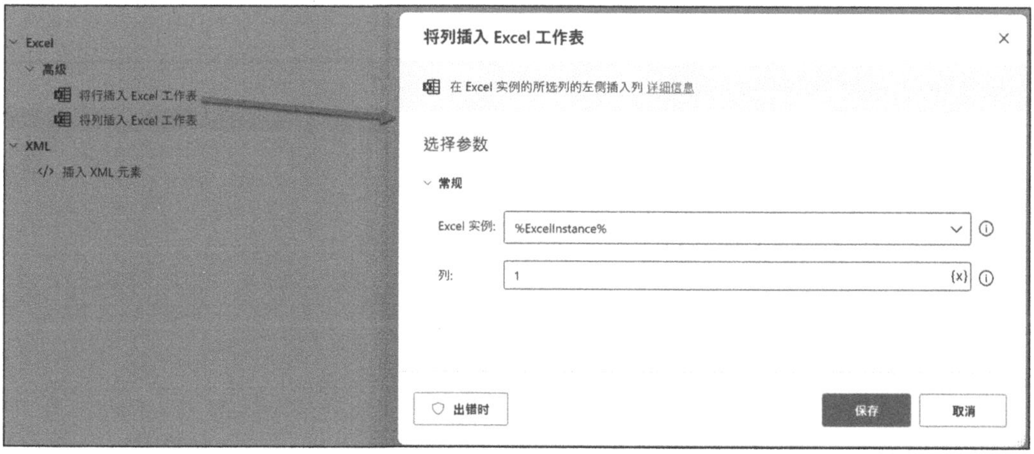

图 3.15 添加【将列插入 Excel 工作表】操作

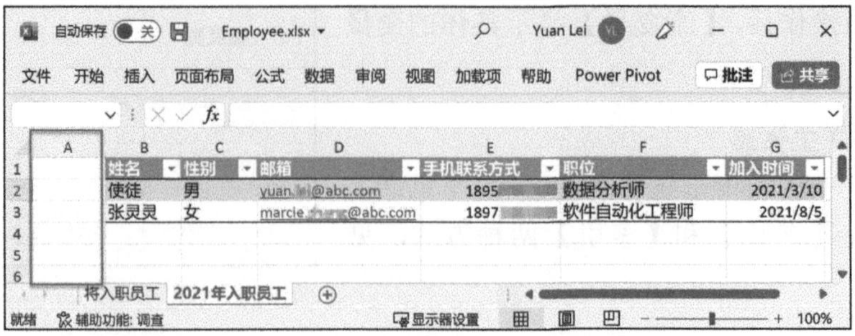

图 3.16　插入新列后的 Excel 工作表示意

5. 从 Excel 工作表中删除行 / 列

【从 Excel 工作表中删除行】与【从 Excel 工作表中删除列】用法类似，用于删除指定工作表中的行 / 列，见图 3.17。

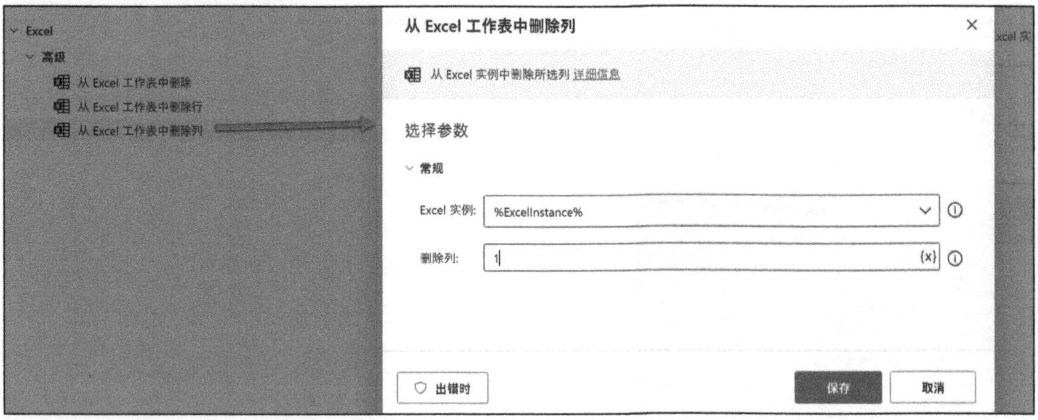

图 3.17　添加【从 Excel 工作表中删除列】操作

6. 添加新工作表

该操作用于为指定工作簿添加新工作表，【将工作表添加为】支持【第一个工作表】和【最后一个工作表】两种添加方式，见图 3.18。

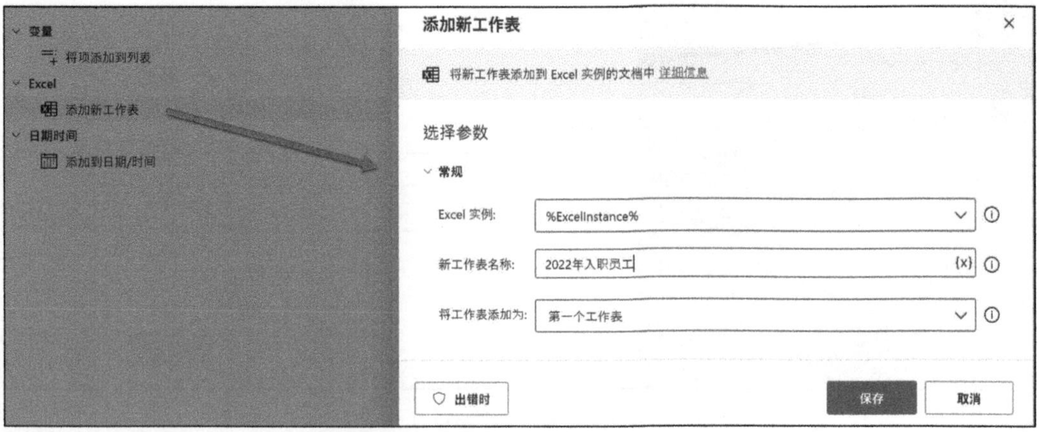

图 3.18　添加【添加新工作表】操作

7. 删除 Excel 工作表

该操作用于为指定工作簿删除工作表，【删除工作表】支持【名称】和【索引】两种删除方式，见图 3.19。

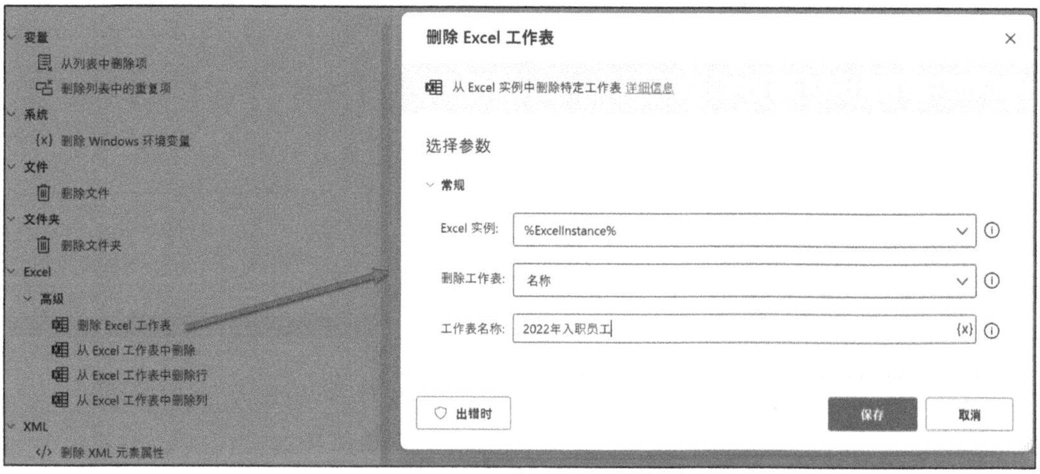

图 3.19 添加【删除 Excel 工作表】操作

8. 获取 Excel 工作表中的列上的第一个空闲行

该操作用于获取工作表中指定列上的第一个空闲行，并默认返回变量 %FirstFreeRowOnColumn%，见图 3.20。

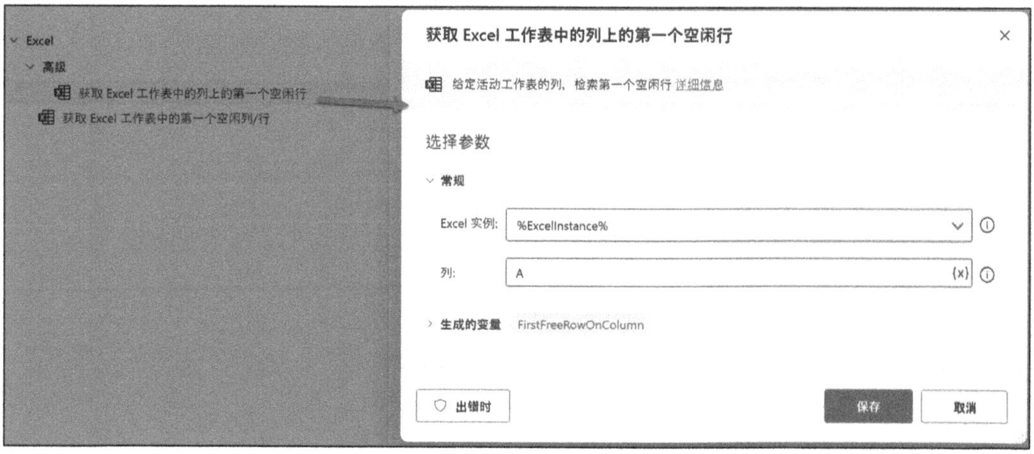

图 3.20 添加【获取 Excel 工作表中的列上的第一个空闲行】操作

3.2 文件夹与文件核心操作

文件夹操作与文件操作是两组相关性比较高的操作集合，它们的主要用途是分别对文件夹和文件进行增、删、查、改等，本节将演示其核心操作。

3.2.1 文件夹核心操作

1. 如果文件夹存在

该操作用于判断指定文件夹是否存在，【如果文件夹】支持【存在】和【不存在】这两种判断方式，见图 3.21。

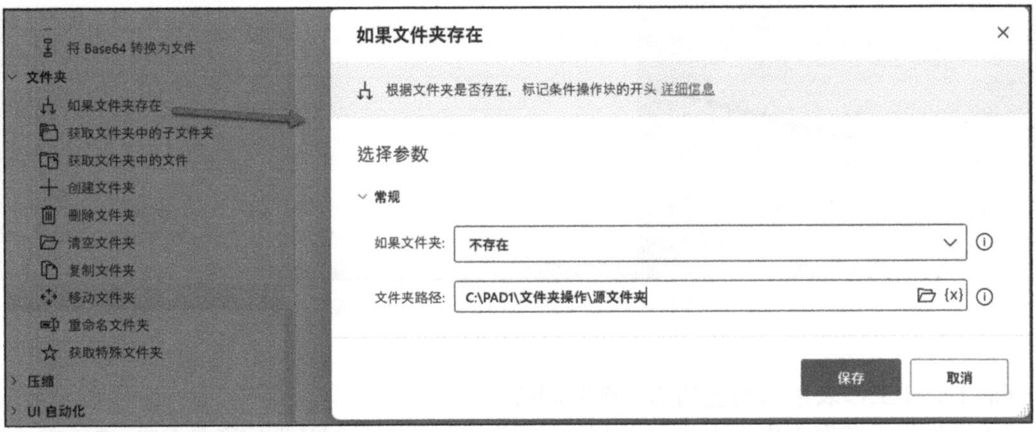

图 3.21 添加【如果文件夹存在】操作

2. 创建文件夹

在文件夹不存在的情况下，用户可用该操作创建文件夹，见图 3.22。

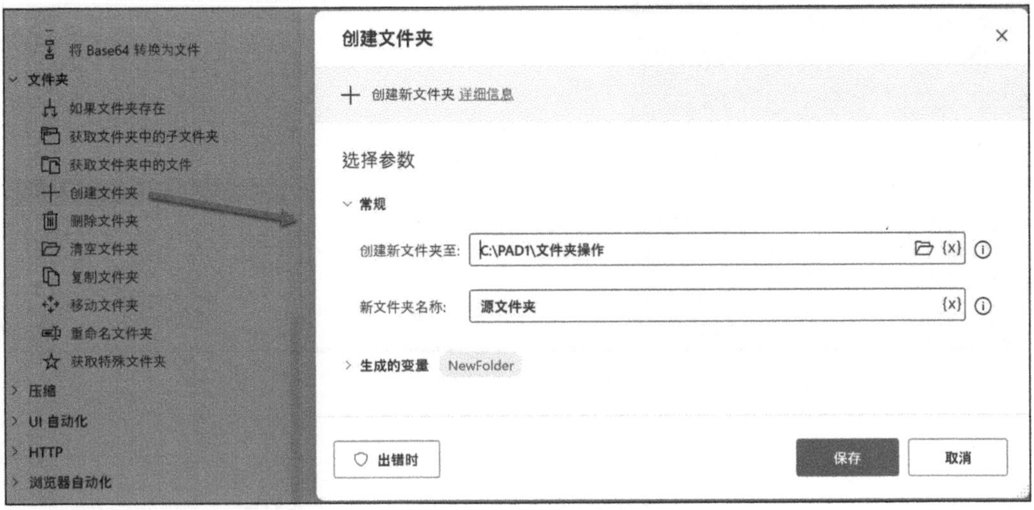

图 3.22 添加【创建文件夹】操作

3. 删除文件夹

在不需要的文件夹存在的情况下，用户可用该操作删除文件夹，见图 3.23。

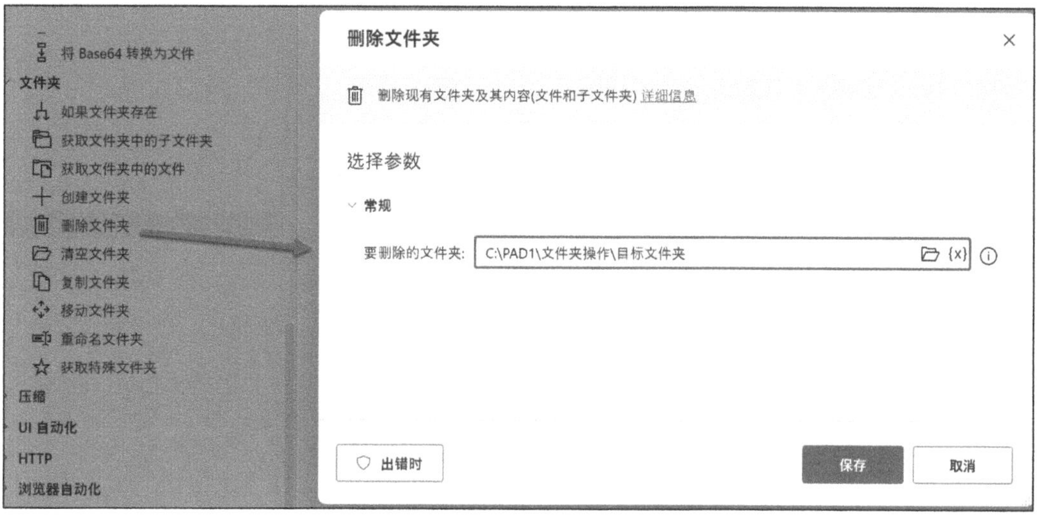

图 3.23 添加【删除文件夹】操作

4. 复制文件夹

该操作相当于复制与粘贴功能，将复制出文件夹的副本（含文件），见图 3.24。

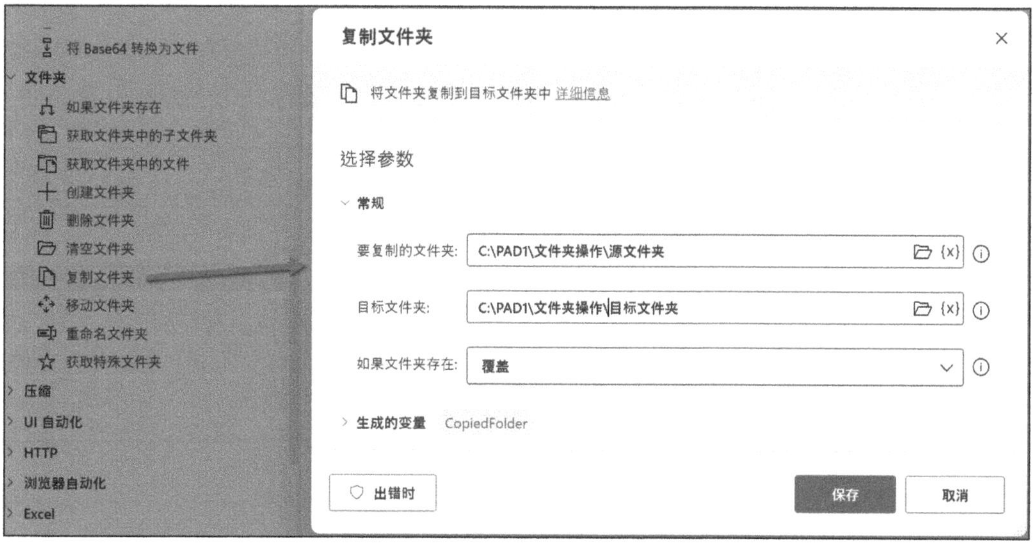

图 3.24 添加【复制文件夹】操作

注意，操作时应确保目标文件夹真实存在，否则会报错，见图 3.25。

错误 1

子流	操作	错误
Main	4	目标文件夹 C:\PAD1\文件夹操作\目标文件夹 不存在。

图 3.25 目标文件夹不存在的报错信息

另外，要复制的文件夹会被复制到目标文件夹下，而不是目标文件夹本身，见图 3.26。

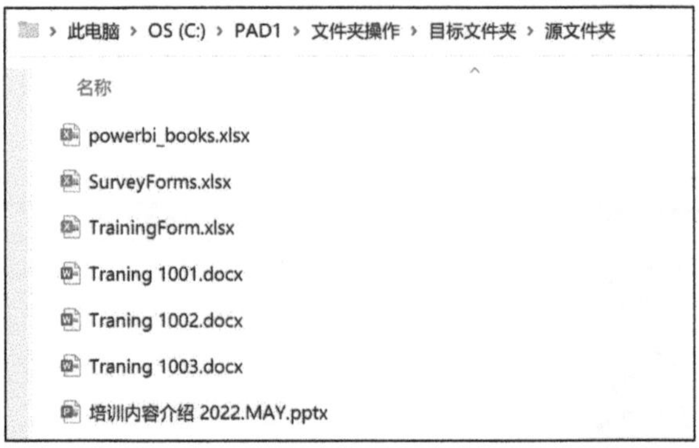

图 3.26　要复制的文件夹会被复制到目标文件夹下

执行桌面流，该操作会返回变量 %CopiedFolder%，双击【流变量】下的 %CopiedFolder% 变量，可查看其属性和值，见图 3.27。

图 3.27　复制文件夹生成的变量 %CopiedFolder% 的属性和值

5. 移动文件夹

该操作相当于剪切与粘贴功能，将要移动的文件夹搬移到目标文件夹中，见图 3.28。

6. 清空文件夹

该操作用于清空文件夹中的子文件夹和文件，但不删除文件夹自身，见图 3.29。

7. 重命名文件夹

该操作用于重命名指定文件夹，见图 3.30。

8. 获取文件夹中的子文件夹

该操作用于查看指定文件夹中的子文件夹，该操作的【文件夹筛选器】支持通配符“*”和“?”，例如 Doc* 表示仅筛选以 Doc 字符串开头的文件夹，见图 3.31。

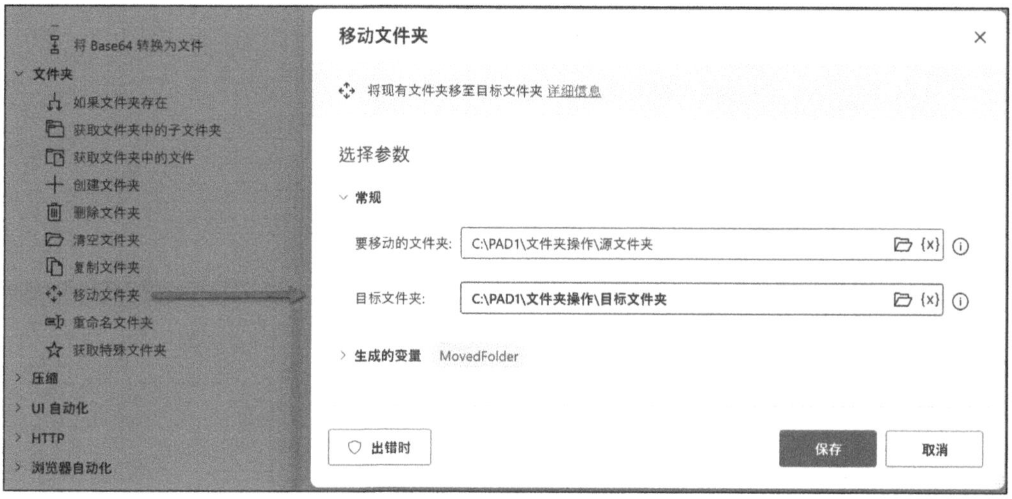

图 3.28 添加【移动文件夹】操作

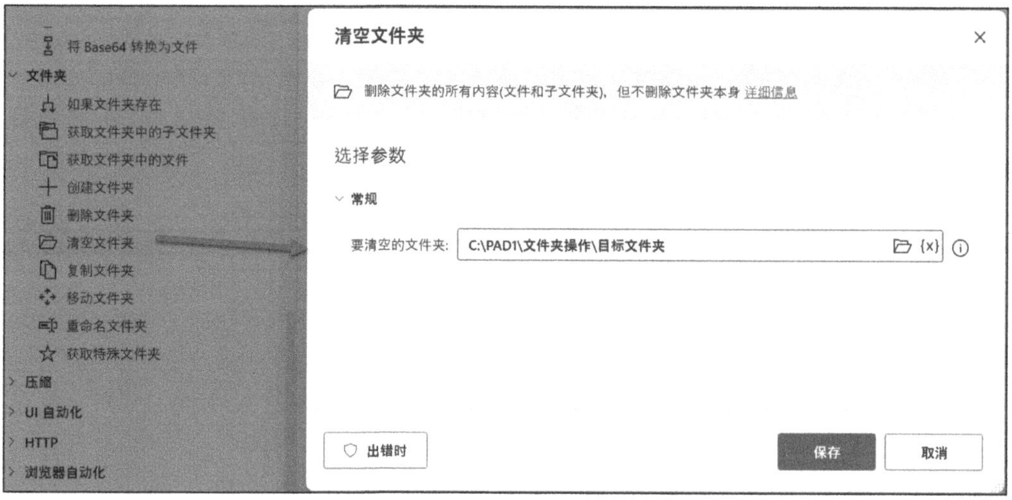

图 3.29 添加【清空文件夹】操作

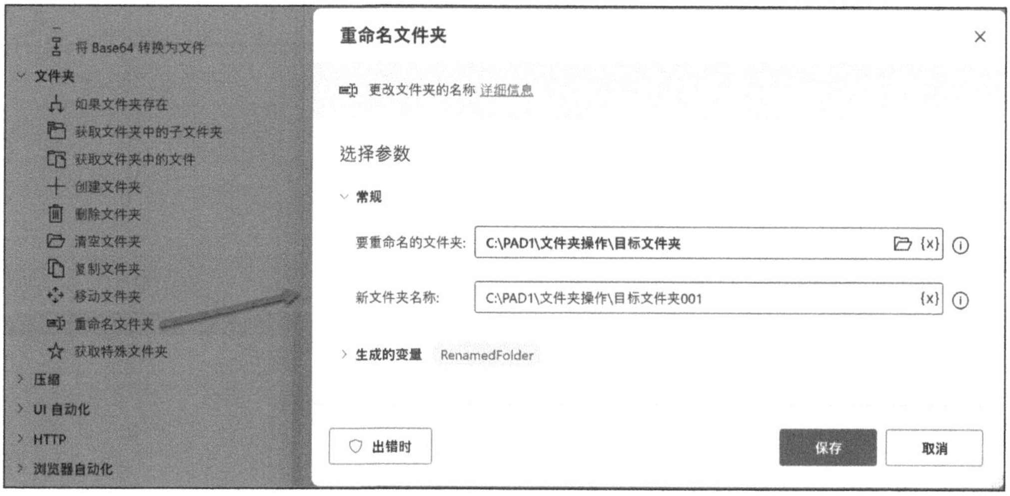

图 3.30 添加【重命名文件夹】操作

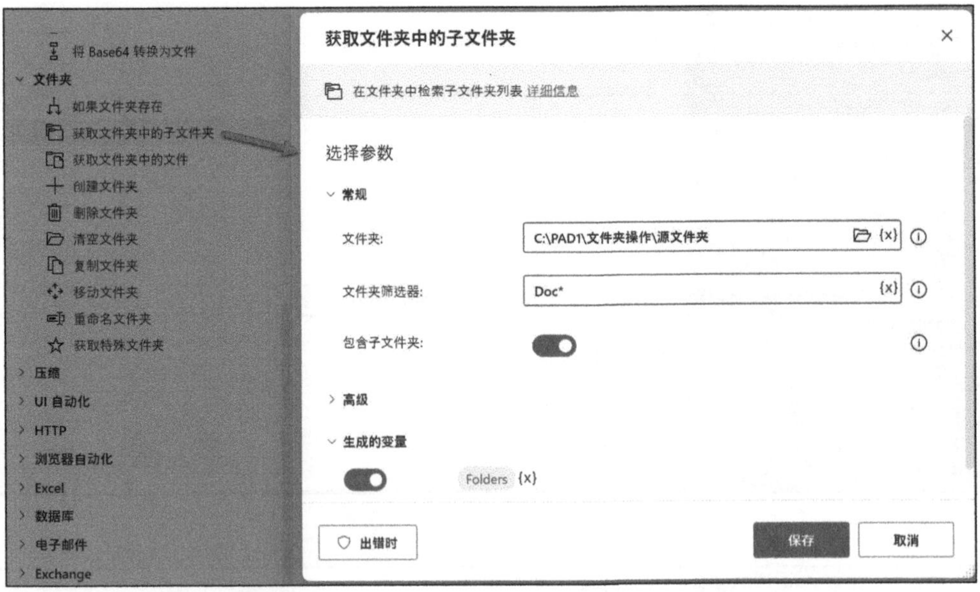

图 3.31　添加【获取文件夹中的子文件夹】操作

展开【高级】选项，可对文件夹对象设置排序依据，如按【名称】【大小】等属性排序，见图 3.32。

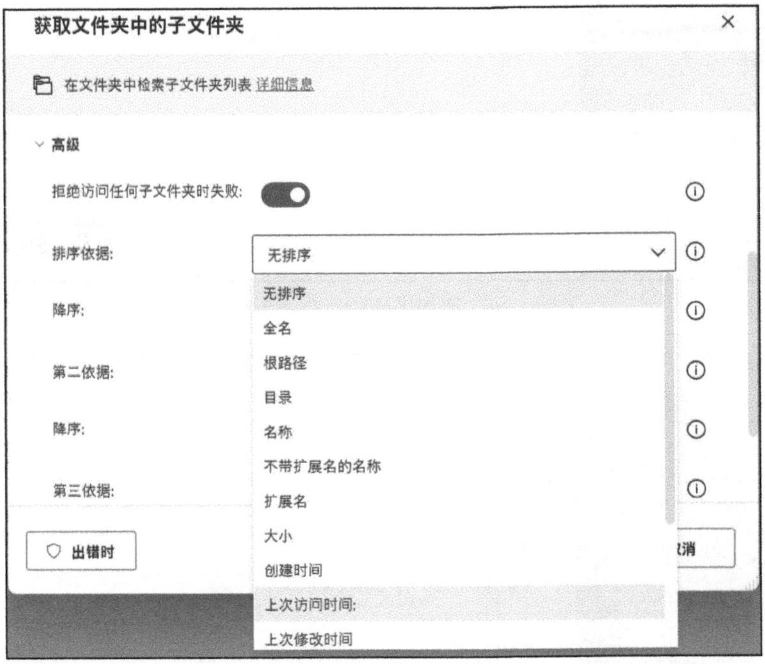

图 3.32　获取子文件夹的排序依据选择

9. 获取文件夹中的文件

该操作用于获取指定文件夹中的文件，默认生成变量 %Files%，见图 3.33。

执行桌面流，双击【流变量】中的 %Files% 变量查看具体值，见图 3.34。

图 3.33　添加【获取文件夹中的文件】操作

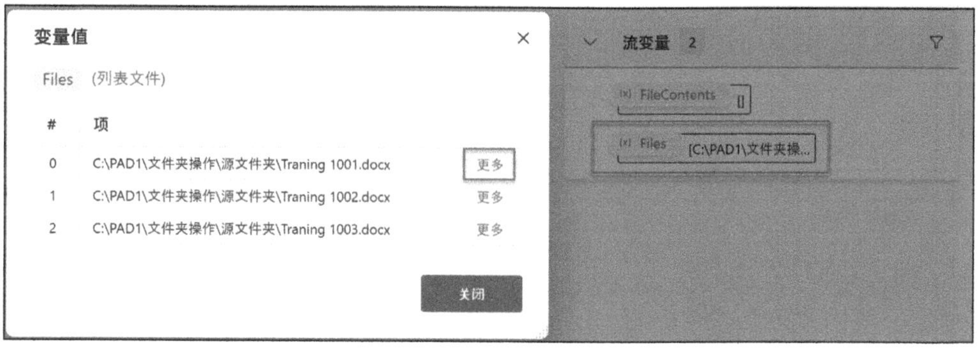

图 3.34　获取文件夹中的文件生成的变量 %Files% 的属性

单击第一个 Files 对象旁的【更多】，可查看其更多属性和值，见图 3.35。

图 3.35　第一个 File 对象 %Files[0]% 的属性和值

3.2.2　文件核心操作

1. 如果文件存在

该操作与之前的【如果文件夹存在】用法类似，用于判断单个文件的存在与否，见图 3.36。

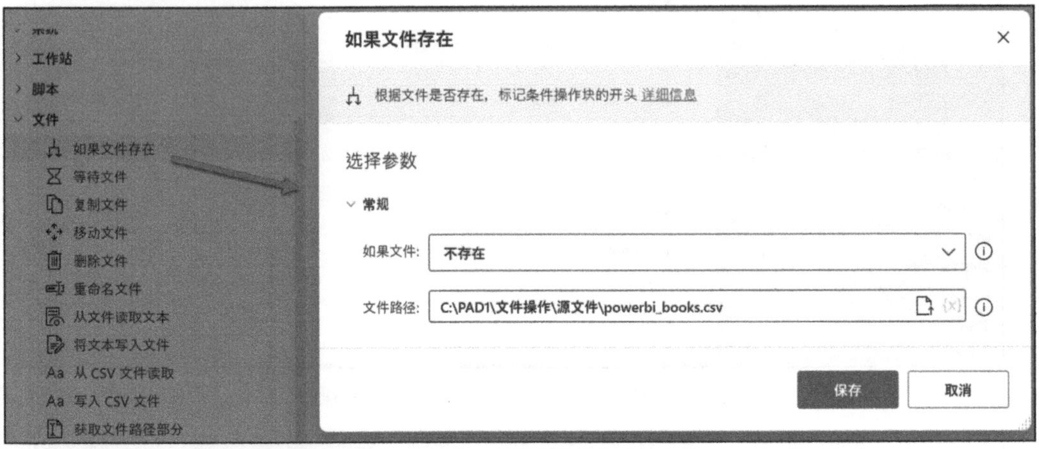

图 3.36　添加【如果文件存在】操作

2. 复制文件

该操作用于复制与粘贴文件，单击【要复制的文件】中的图标，可选择多个要复制的文件，见图 3.37。

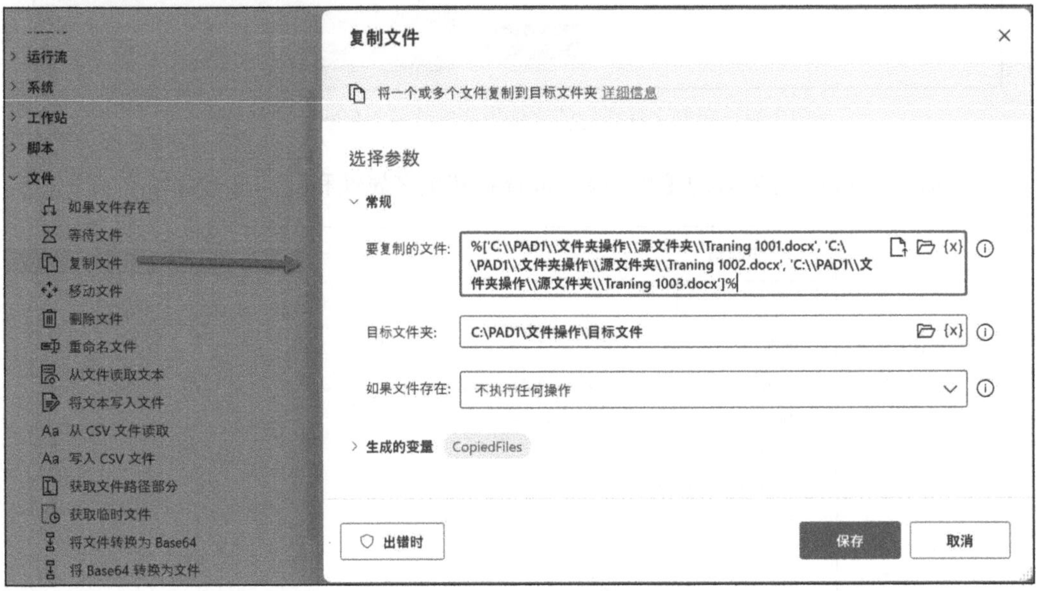

图 3.37　添加【复制文件】操作

3. 移动文件

该操作用于剪切与粘贴文件，单击【要移动的文件】中的图标，可选择多个要移动的文件，见图 3.38。

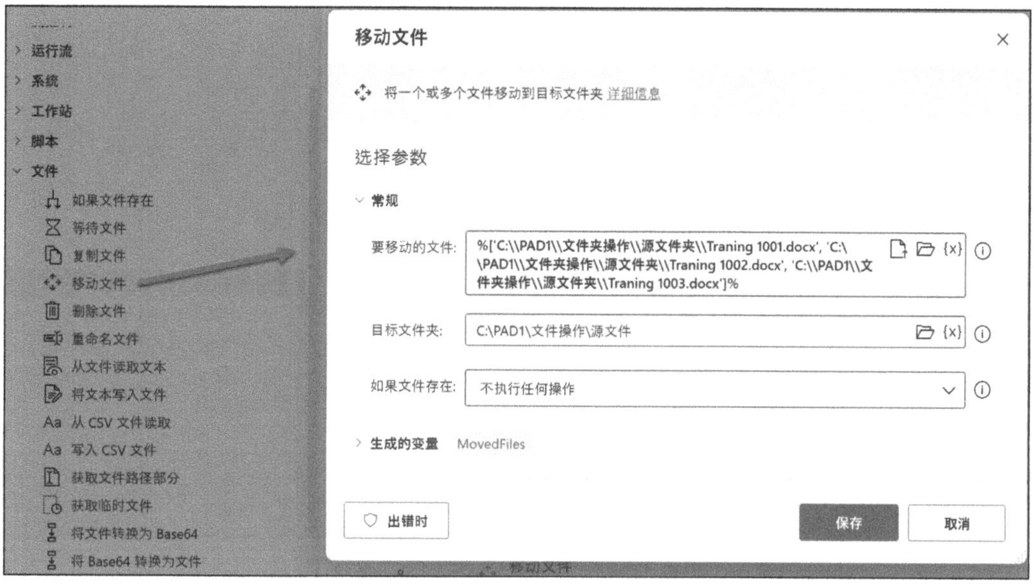

图 3.38　添加【移动文件】操作

4. 删除文件

该操作用于删除指定的文件，除了支持多选要删除的文件，该操作也支持用通配符筛选文件，见图 3.39。

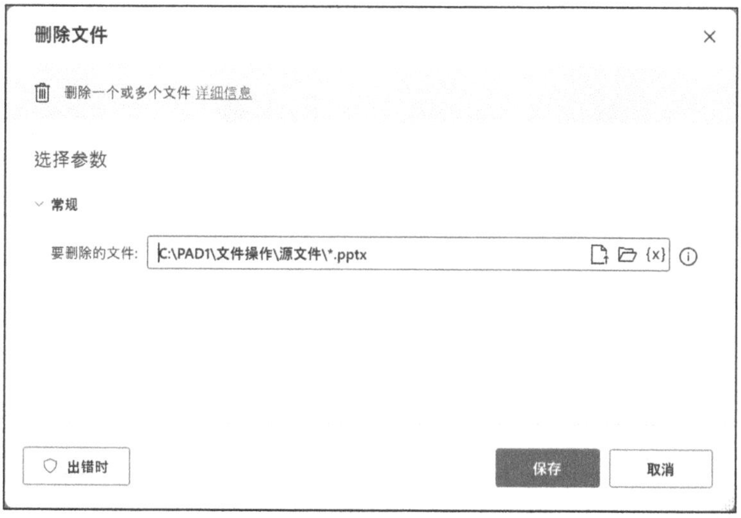

图 3.39　添加【删除文件】操作（删除以扩展名 .pptx 结尾的文件）

5. 重命名文件

该操作不仅包括简单的文件重命名功能，还包括多个参数，见图 3.40。在本示例中，我们在【重命名方案】中选择【添加日期 / 时间】①，在【要添加的日期 / 时间】中选择【当

前日期 / 时间】②，在【添加日期 / 时间】中选择【名称后】③，在【分隔符】中选择【下划线】④，保留【日期 / 时间格式】中默认选项【yyyyMMdd】⑤，保留【如果文件存在】中默认选项【不执行任何操作】⑥，见图 3.41。执行该操作后，指定文件名中将被插入当日日期字符串。

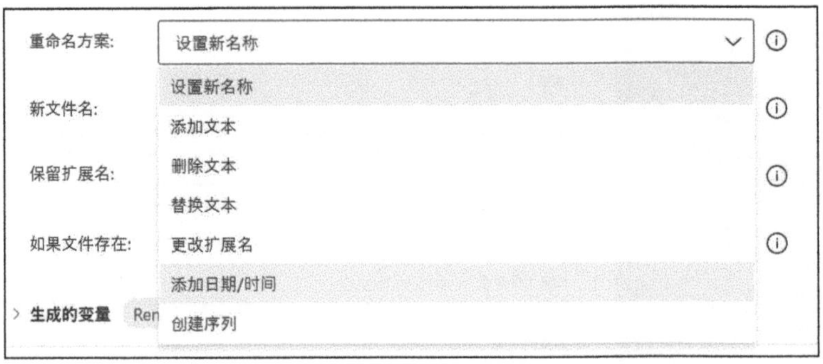

图 3.40 【重命名方案】的多种选项

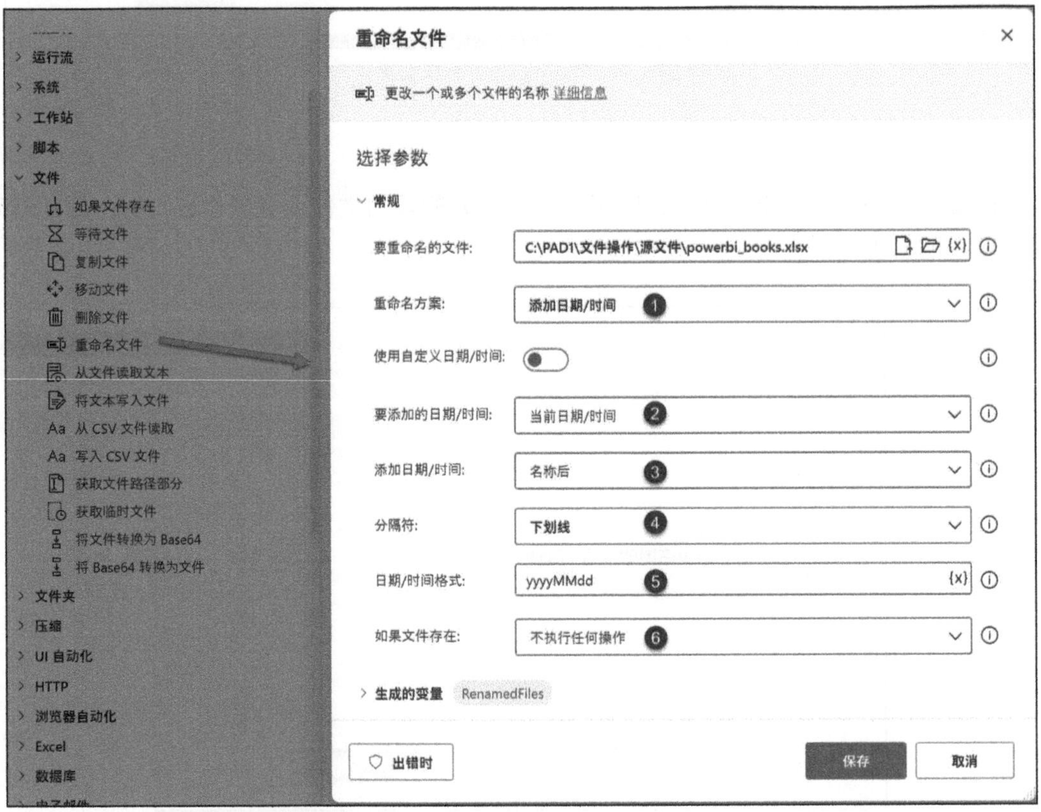

图 3.41　添加【重命名文件】操作

6. 从文件读取文本

该操作用于读取指定文件中的文本，【将内容存储为】支持【单个文本值】和【列表（每项均为列表项）】两种方式，一般输出文本选择【列表（每项均为列表项）】。另外，【编码】支持多种编码系统，如果文本出现乱码，可在此调整编码参数，见图 3.42。

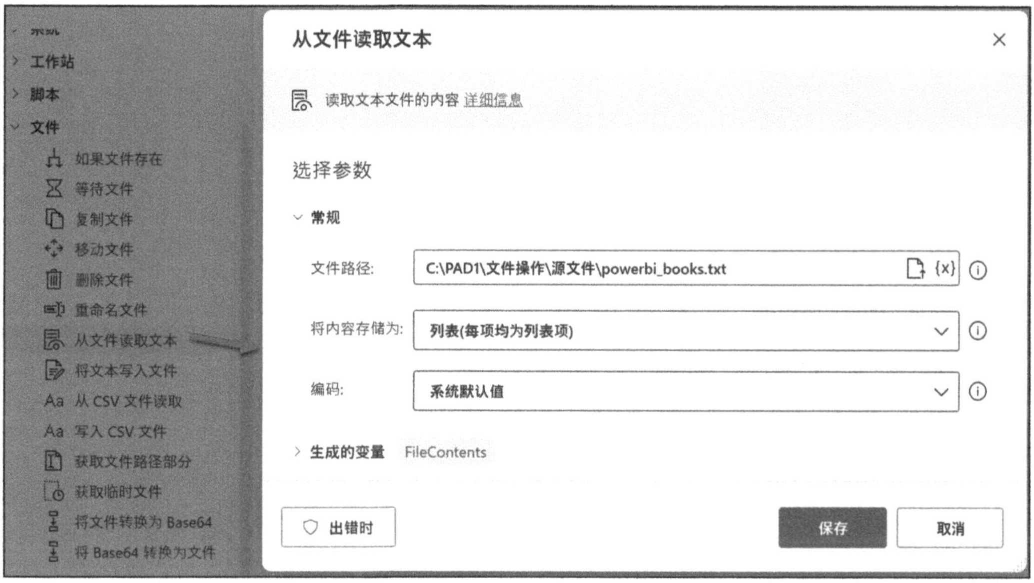

图 3.42 添加【从文件读取文本】操作

执行该操作后，可单击【流变量】下的 %FileContents% 查看变量值，见图 3.43。

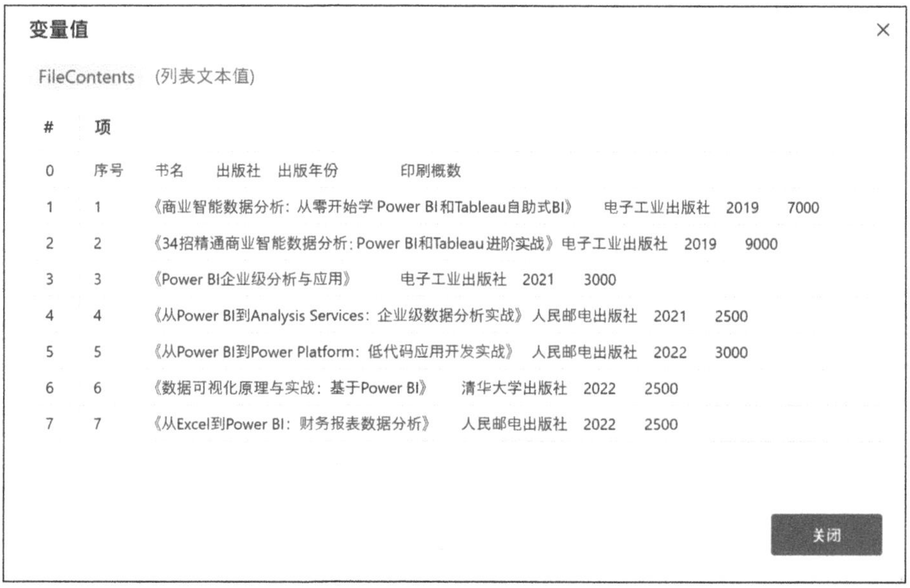

图 3.43 查看 %FileContents% 的变量值

7. 将文本写入文件

该操作用于将文本内容写入文件，【如果文件存在】支持【覆盖现有内容】和【追加内容】两种方式，见图 3.44。

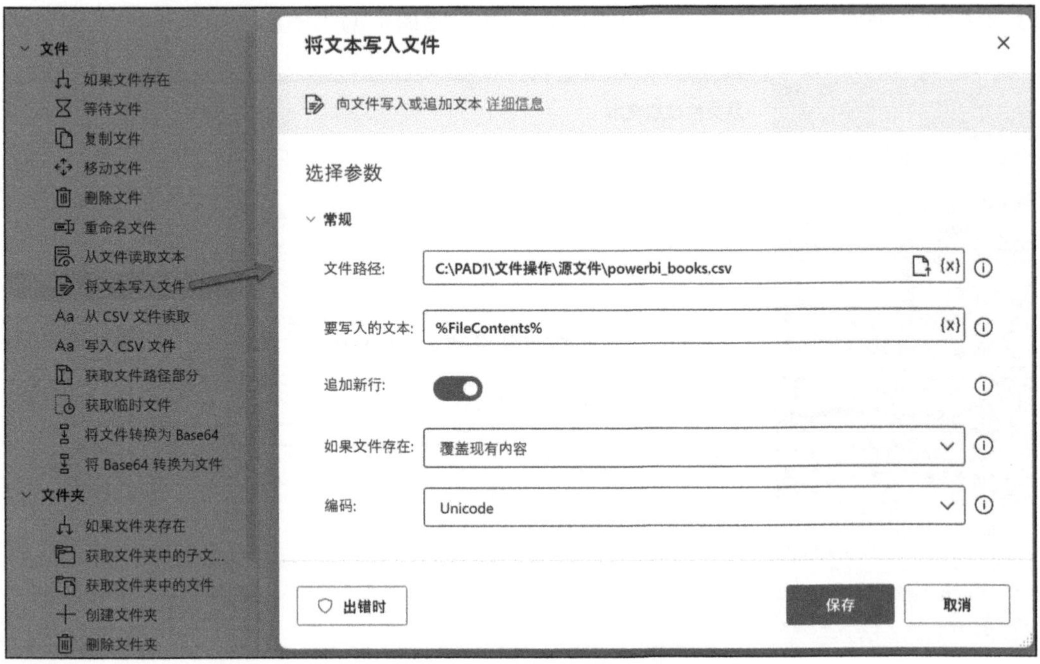

图 3.44　添加【将文本写入文件】操作

8. 从 CSV 文件读取

该操作用于从指定 CSV 文件中读取内容，该操作默认生成变量 %CSVTable%，见图 3.45。

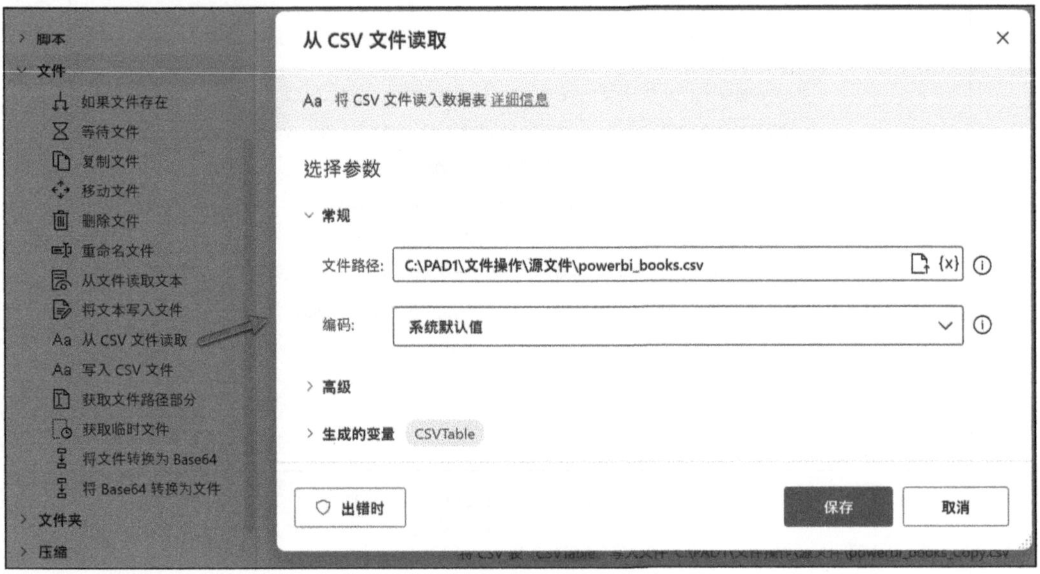

图 3.45　添加【从 CSV 文件读取】操作

执行该操作，用户可查看生成的变量值，见图 3.46。

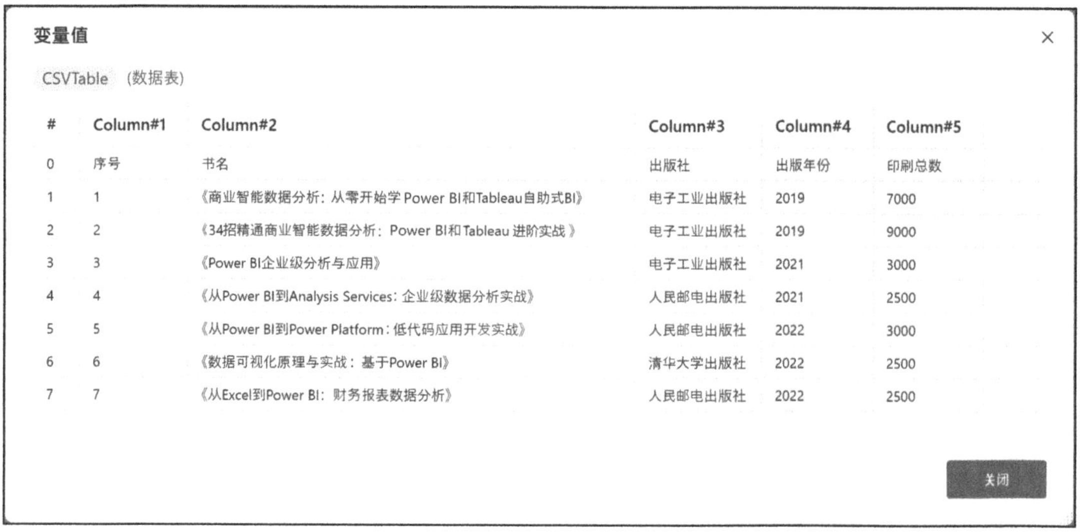

变量值

CSVTable （数据表）

#	Column#1	Column#2	Column#3	Column#4	Column#5
0	序号	书名	出版社	出版年份	印刷总数
1	1	《商业智能数据分析：从零开始学 Power BI和Tableau自助式BI》	电子工业出版社	2019	7000
2	2	《34招精通商业智能数据分析：Power BI和 Tableau 进阶实战》	电子工业出版社	2019	9000
3	3	《Power BI企业级分析与应用》	电子工业出版社	2021	3000
4	4	《从Power BI到Analysis Services：企业级数据分析实战》	人民邮电出版社	2021	2500
5	5	《从Power BI到Power Platform：低代码应用开发实战》	人民邮电出版社	2022	3000
6	6	《数据可视化原理与实战：基于Power BI》	清华大学出版社	2022	2500
7	7	《从Excel到Power BI：财务报表数据分析》	人民邮电出版社	2022	2500

关闭

图 3.46 查看 %CSVTable% 的变量值

9. 写入 CSV 文件

该操作用于将指定文本写入 CSV 文件，展开下方的【高级】选项，可设定【分隔符】和【使用自定义列分隔符】，其中【选项卡】英文原意为 Tab，见图 3.47。

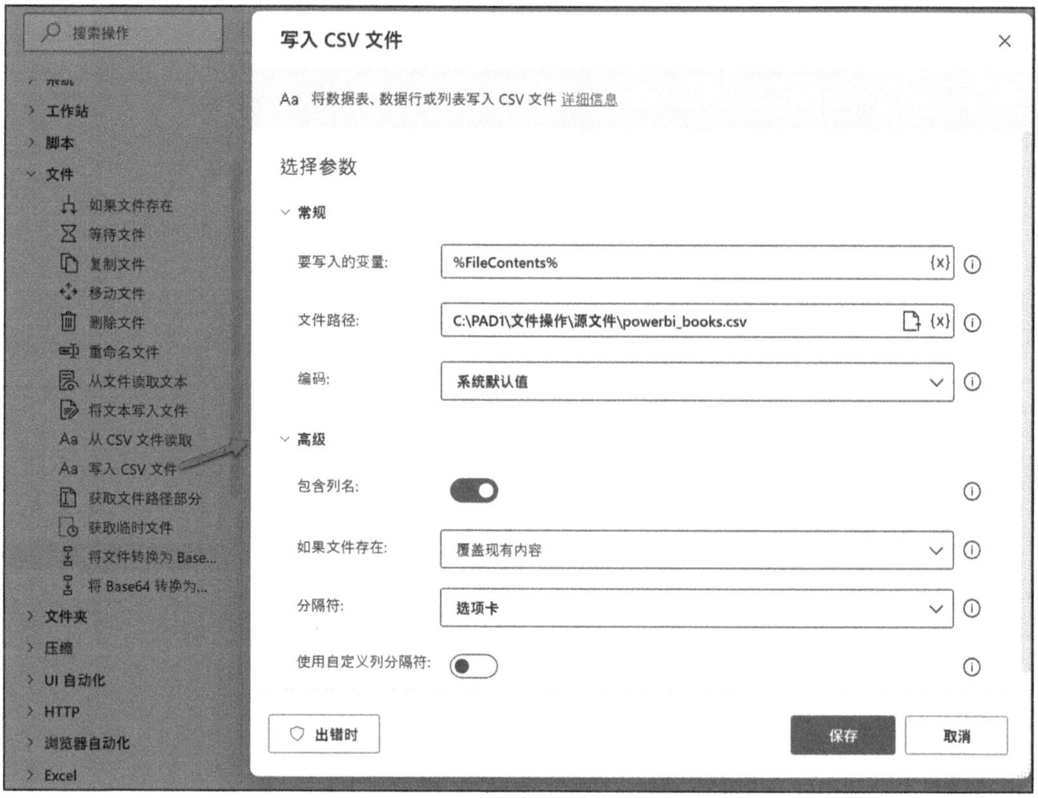

图 3.47 添加【写入 CSV 文件】操作

10. 获取文件路径部分

该操作用于获取指定文件路径部分相关的信息，操作一共生成 5 个变量，见图 3.48。

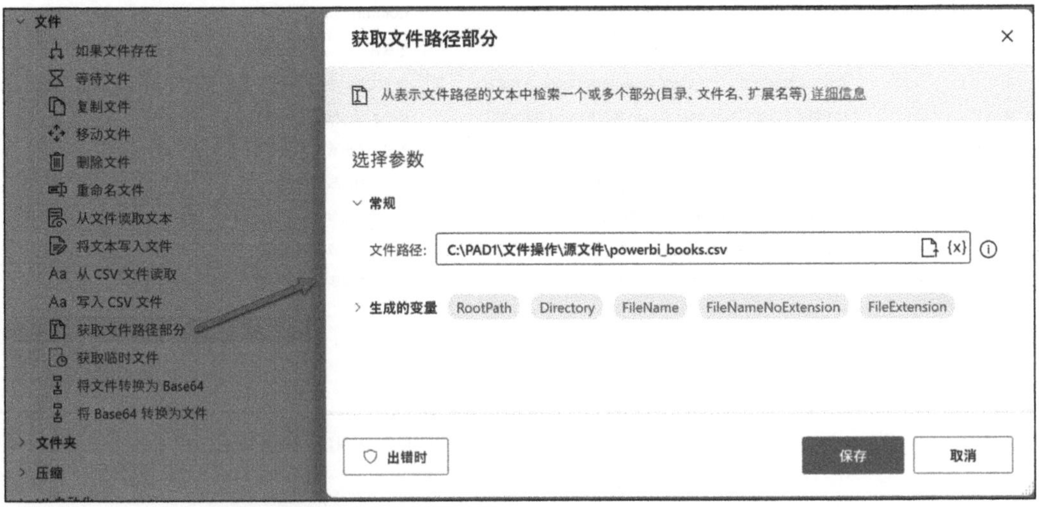

图 3.48　添加【获取文件路径部分】操作

执行操作后，生成相应的变量值，见图 3.49。

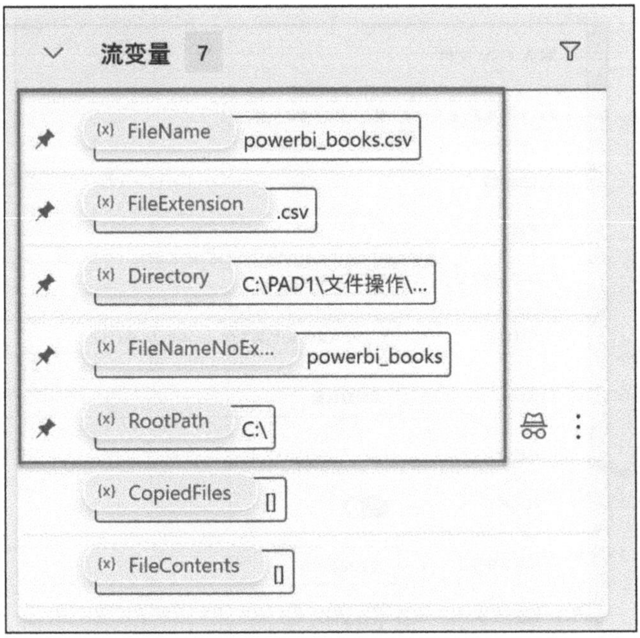

图 3.49　【获取文件路径部分】生成的变量

11. 将文件转换为 Base64

该操作用于将图片文件转换为 Base64 的字符串格式，以便存储在数据库中，见图 3.50。

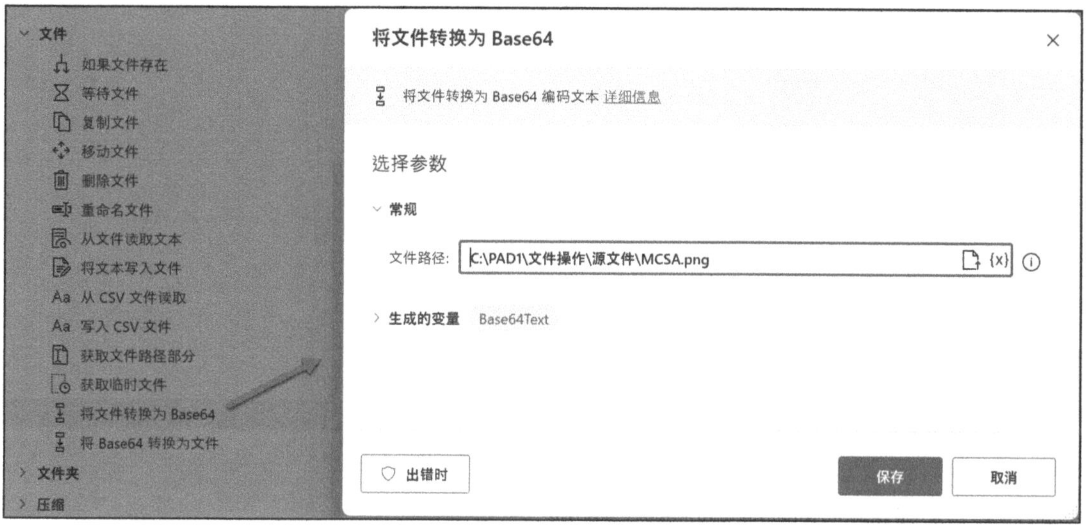

图 3.50 添加【将文件转换为 Base64】操作

3.3 Outlook 与电子邮件核心操作

Outlook 与电子邮件核心操作是两组相关性比较高的操作集合，它们的主要用途是对 Outlook 与电子邮件进行增、删、查、改等，本节将演示其核心操作的用法。读者可能会问：Outlook 和电子邮件的区别在哪里？在桌面流的定义中，Outlook 是指桌面端 Microsoft Outlook 工具相关的操作，而电子邮件是指支持 IMAP 和 SMTP 等服务协议的电子邮件服务，包括第三方 QQ、163 电子邮件服务等。在正式开始介绍操作前，读者应确保准备好测试邮箱，以用于本节的实践。

3.3.1 Outlook 核心操作

1. 启动 Outlook

该操作用于启动本地的 Outlook 前端工具，所有之后的操作都需要在成功【启动 Outlook】操作后进行，该操作默认生成变量 %OutlookInstance%，用于后续与 Outlook 配合使用的操作实例，见图 3.51。

2. 检索 Outlook 中的电子邮件

该操作用于检索 Outlook 指定邮箱中的电子邮件，由于该操作参数比较多（见图 3.52），因此我们以表的形式展现主要功能。该操作默认生成变量 %RetrievedEmails%，用作邮件查询集合的实例，见表 3.1。

为了显示所有符合检索条件的电子邮件，让我们添加一个【for each】循环，获取每一封被检索到的电子邮件，并参照图 3.53 设置【显示消息】展示邮件属性，单击{x}图标①，选择对应的变量属性②，设置消息栏中的内容③，单击【选择】【保存】按钮完成设置。

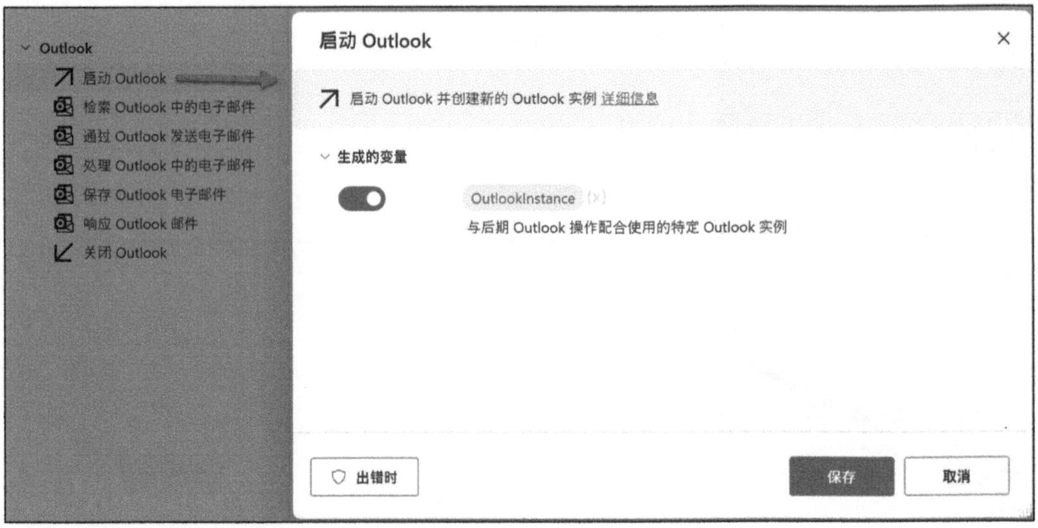

图 3.51　添加【启动 Outlook】操作

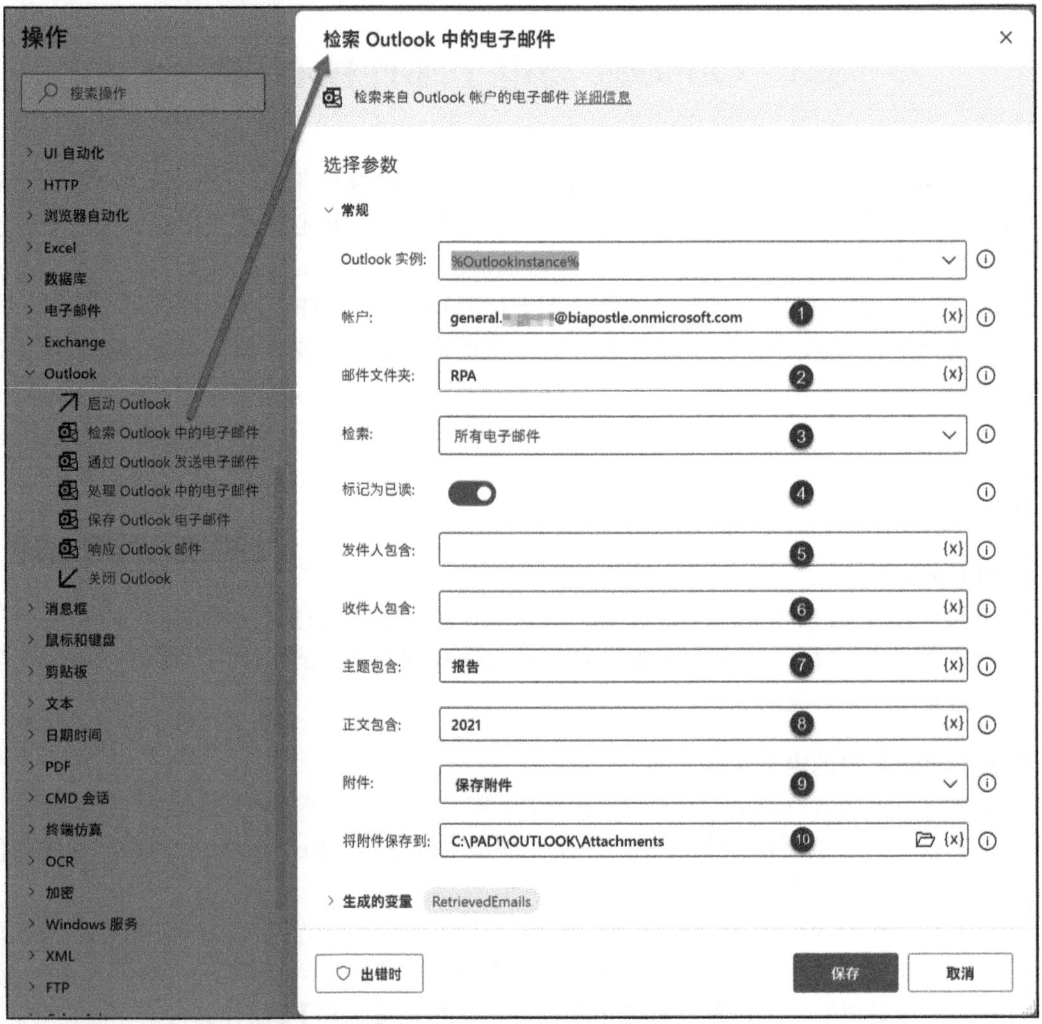

图 3.52　添加【检索 Outlook 中的电子邮件】操作

表 3.1 【检索 Outlook 中的电子邮件】操作的参数

序号	参数	选项	功能解释
1	账户	—	要使用的 Outlook 账户的名称
2	邮件文件夹	—	要从中检索邮件的文件夹名称
3	检索	所有电子邮件、仅限未读文件、仅限已读文件	指定是检索文件夹中的所有邮件还是仅检索未读邮件
4	标记为已读	开、关	指定是否将检索到的所有未读邮件标记为已读
5	发件人包含	—	要检索的邮件发件人的完整电子邮件地址
6	收件人包含	—	要检索的邮件收件人的完整电子邮件地址
7	主题包含	—	要在电子邮件主题中找到的关键短语
8	正文包含	—	要在电子邮件正文中找到的关键短语
9	附件	保存附件、不保存附件	指定是否保存检索到的电子邮件的附件
10	将附件保存到	—	用于保存检索到的电子邮件附件的路径（当【附件】为【保存附件】时才出现）

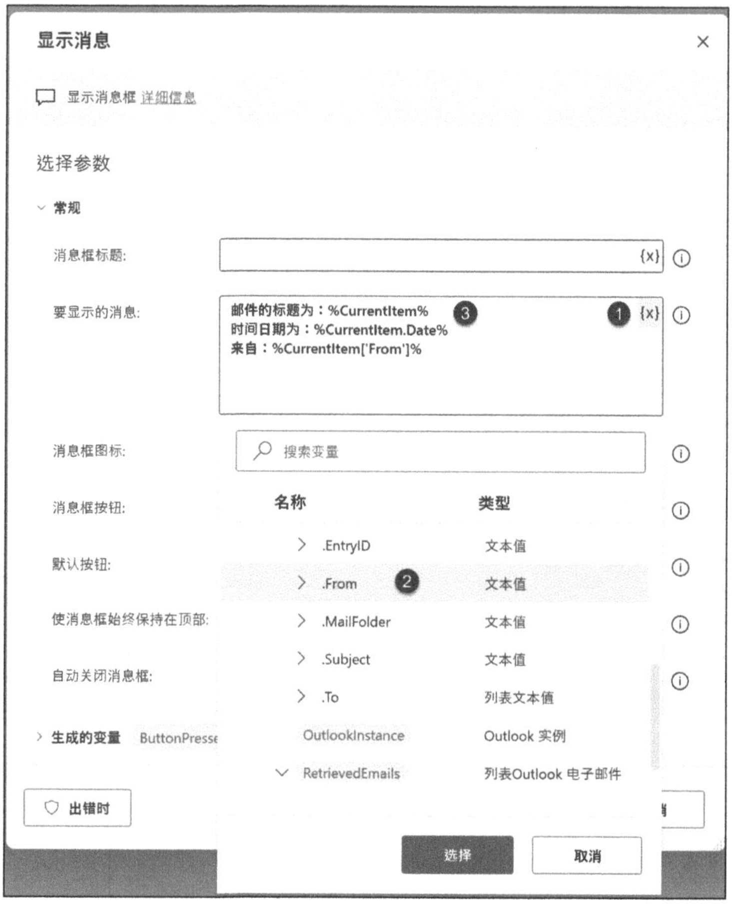

图 3.53　设置【显示消息】

执行桌面流，观察 %RetrievedEmails% 所返回的结果，见图 3.54。

图 3.54 【显示消息】检索邮件的结果

3. 通过 Outlook 发送电子邮件

该操作用于通过指定 Outlook 邮箱发送电子邮件，由于该操作参数比较多（见图 3.55），因此我们以表的形式展现主要功能，见表 3.2。

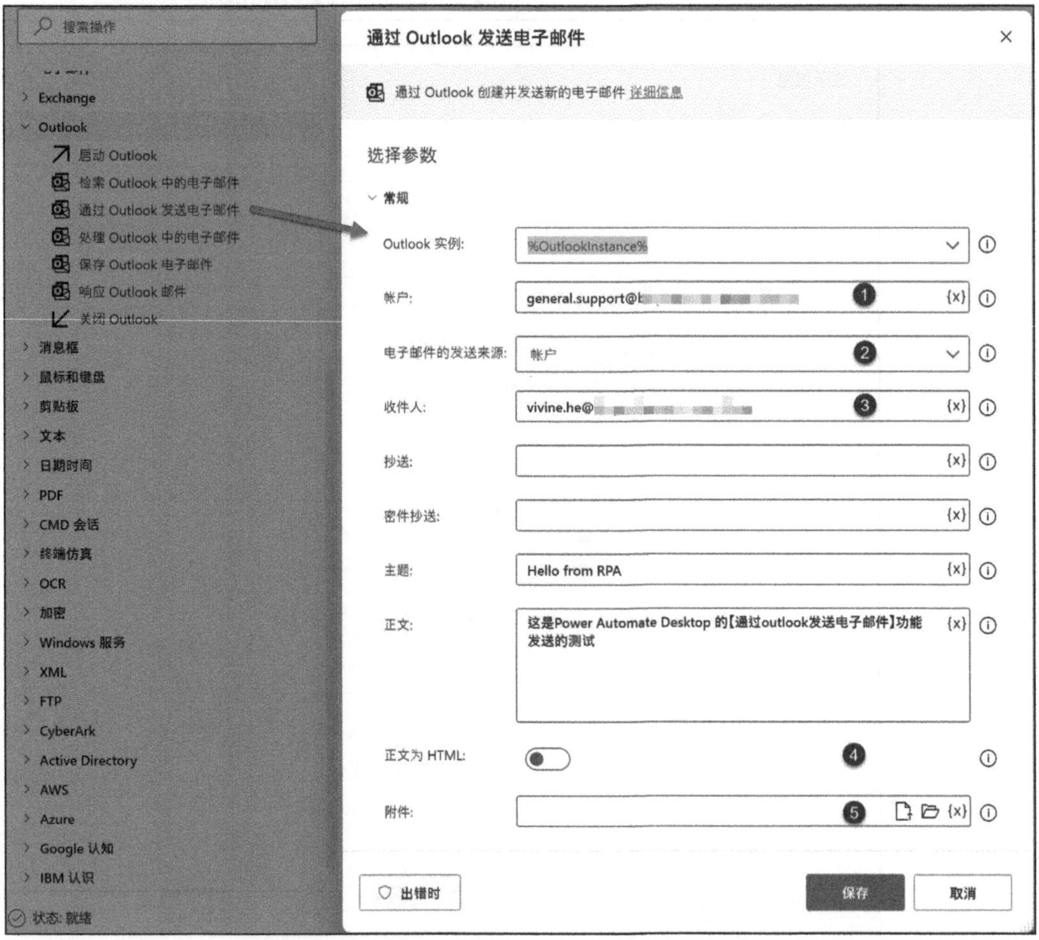

图 3.55 添加【通过 Outlook 发送电子邮件】操作

表 3.2 【通过 Outlook 发送电子邮件】操作的参数

序号	参数	选项	功能解释
1	账户	—	要使用的 Outlook 账户的名称
2	电子邮件的发送来源	账户、其他邮箱	指定是使用指定的账户还是其他账户（例如，通过共享邮箱）发送电子邮件
3	收件人	—	收件人的电子邮件地址
4	正文为 HTML	开、关	指定是否将电子邮件的正文解释为 HTML 编码
5	附件	—	可以是单个文件、多个文件或整个文件夹

4. 处理 Outlook 中的电子邮件

该操作用于通过指定 Outlook 邮箱处理电子邮件，由于该操作参数比较多（见图 3.56），因此我们以表的形式展现主要功能，见表 3.3。注意，该操作需要从【检索 Outlook 中的电子邮件】操作中获取变量 %RetrievedEmails%，不能单独使用。

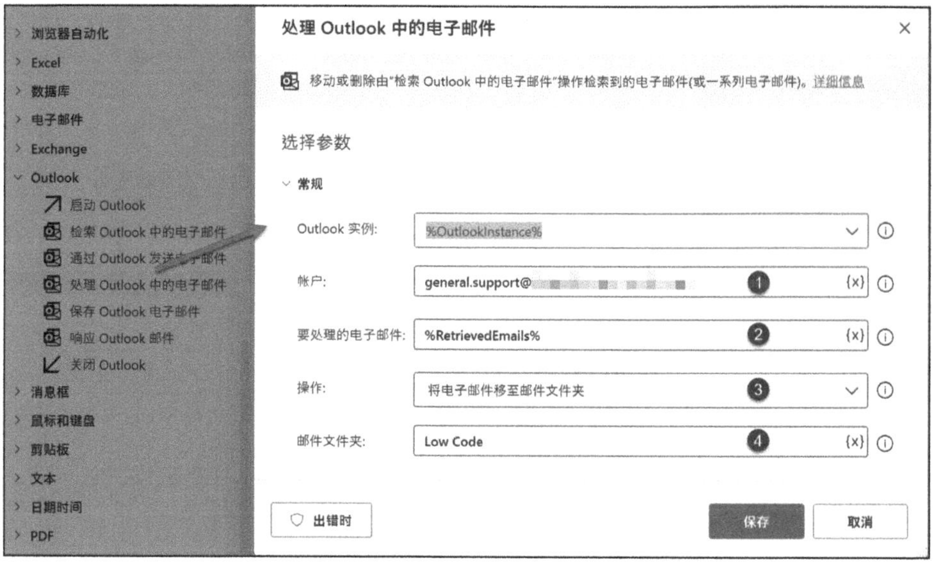

图 3.56 添加【处理 Outlook 中的电子邮件】操作

表 3.3 【处理 Outlook 中的电子邮件】操作的参数

序号	参数	选项	功能解释
1	账户	—	要使用的 Outlook 账户的名称
2	要处理的电子邮件	账户、其他邮箱	要处理的电子邮件。使用由【检索 Outlook 中的电子邮件】操作填充的变量
3	操作	删除电子邮件、将电子邮件移至邮件文件夹、标记为未读	指定要对指定电子邮件执行的操作
4	邮件文件夹	—	要从中检索邮件的文件夹名称。输入子文件夹的完整文件夹路径（例如，Inbox\Work）

5. 保存 Outlook 电子邮件

该操作用于通过指定 Outlook 邮箱保存电子邮件，由于该操作参数比较多（见图

3.57），因此我们以表的形式展现主要功能，见表 3.4。

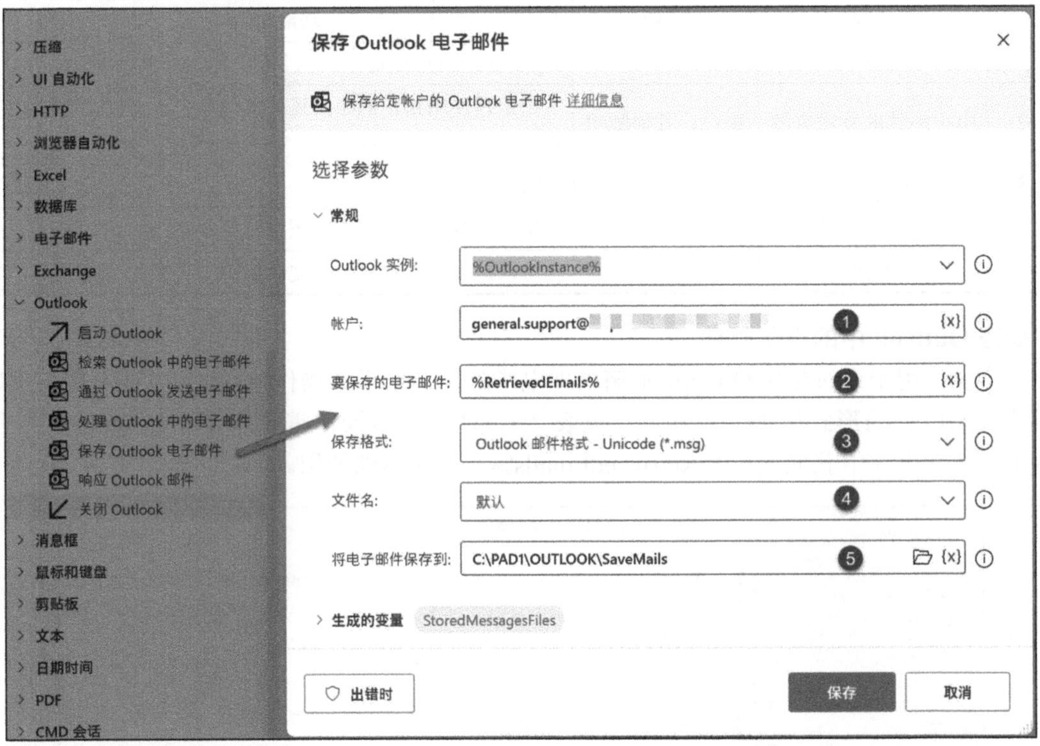

图 3.57　添加【保存 Outlook 电子邮件】操作

表 3.4 【保存 Outlook 电子邮件】操作的参数

序号	参数	选项	功能解释
1	账户	—	要使用的 Outlook 账户的名称
2	要保存的电子邮件	—	收件人的电子邮件地址
3	保存格式	仅限文本（*.txt）、Outlook 模板（*.oft）、Outlook 邮件格式（*.msg）、Outlook 邮件格式 - Unicode（*.msg）、HTML（*.html）、MHT 文件（*.mht）	指定保存邮件的格式
4	文件名	—	指定邮件的自定义名称，通过自动添加扩展名来区分各封邮件
5	将电子邮件保存到	—	保存邮件的文件夹

6. 响应 Outlook 邮件

该操作用于通过指定 Outlook 邮箱响应电子邮件，由于该操作参数比较多（见图 3.58），因此我们以表的形式展现主要功能，见表 3.5。响应操作用于批量回复已存在的邮件。

7. 关闭 Outlook

该操作用于关闭在 Outlook 中启动的实例，见图 3.59。

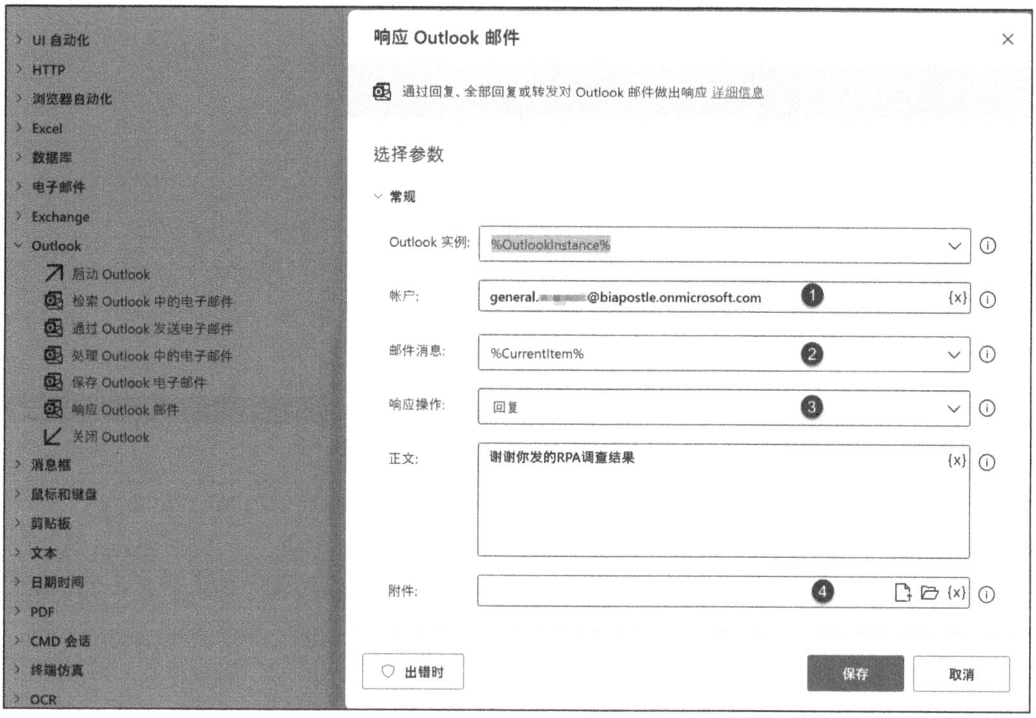

图 3.58 添加【响应 Outlook 邮件】操作

表 3.5 【响应 Outlook 邮件】操作的参数

序号	参数	选项	功能解释
1	账户	—	要使用的 Outlook 账户的名称
2	邮件消息	—	要处理的邮件消息。使用由【检索 Outlook 中的电子邮件】操作填充的变量
3	响应操作	回复、全部回复、转发	指定是使用邮件回复（发件人或所有人）还是转发收到的邮件
4	附件	—	任何附件的完整路径。将多个文件用双引号括起来，并用空格进行分隔

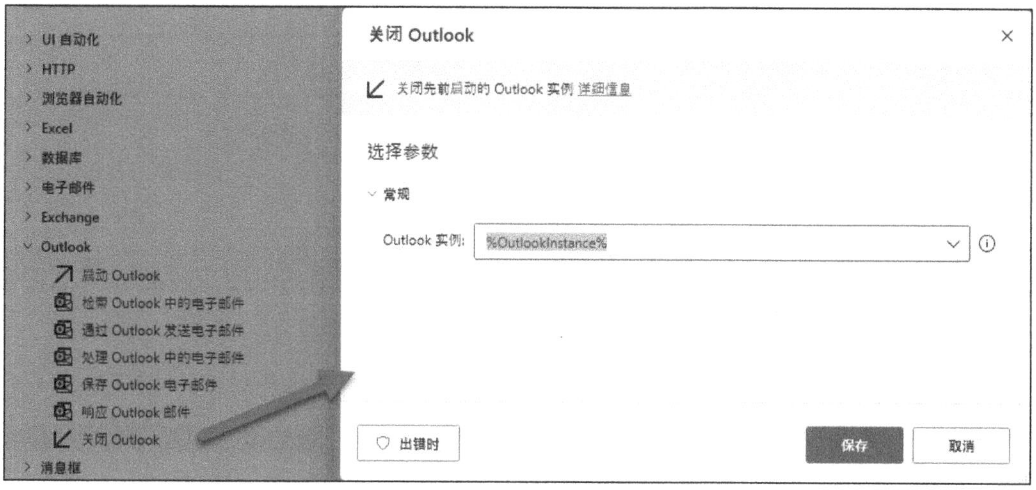

图 3.59 添加【关闭 Outlook】操作

3.3.2 电子邮件核心操作

电子邮件操作类似于 Outlook 操作，如果要使用电子邮件操作，对象邮箱需要支持 IMAP 和 SMTP。读者可能会问什么是 IMAP 和 SMTP？

IMAP，即 Internet Message Access Protocol（互联网消息访问协议），用户可以通过这种协议从邮件服务器上获取邮件的信息、下载邮件等，是一种邮件获取协议。注意，在 IMAP 配置下，电子邮件客户端的操作都会反馈到服务器上，用户对电子邮件进行的操作（如移动电子邮件、标记已读等），服务器上的邮件也会做相应的动作。也就是说，IMAP 是“双向”的。

SMTP，即 Simple Mail Transfer Protocol（简单邮件传送协议），是一种提供可靠且有效服务的电子邮件传送协议。SMTP 是建立在 FTP 文件传输服务上的一种邮件服务，主要用于系统之间的电子邮件信息传递，并提供有关来信的通知。

1. 开启 IMAP/SMTP 功能

（1）如何开启 IMAP/SMTP 功能呢？以 QQ 邮箱为例，成功登录后，单击【设置】-【账户】选项，见图 3.60。

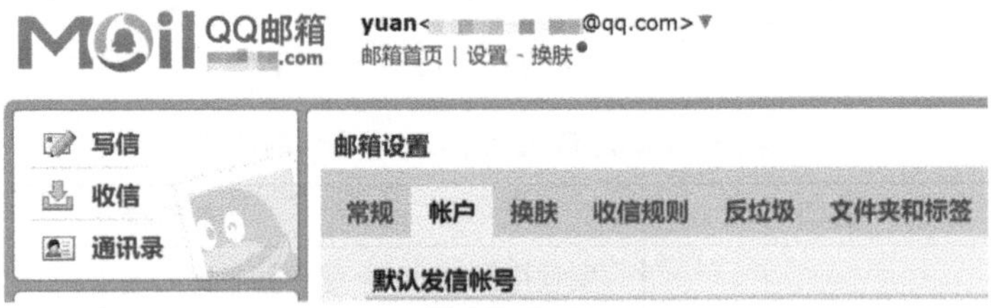

图 3.60 QQ 邮箱首页

（2）找到【IMAP/SMTP 服务】，单击【开启】按钮①，弹出的对话框会提示手机验证，按提示操作即可，在此不做演示。当手机验证完成后单击【我已发送】②，见图 3.61。

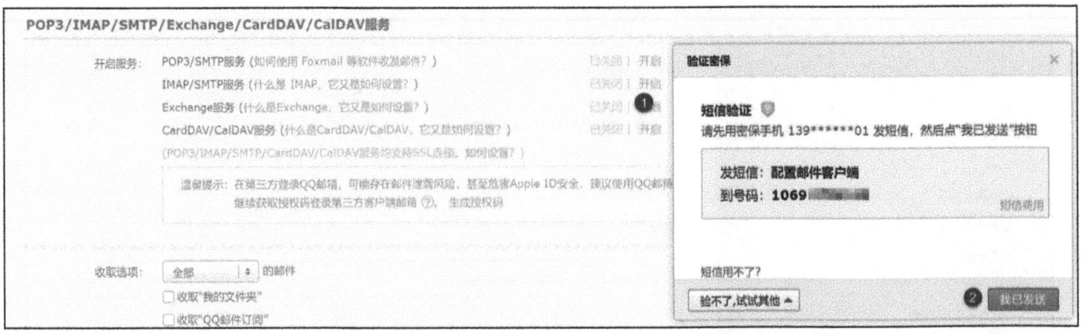

图 3.61 开启 IMAP/SMTP 并进行手机验证

（3）验证通过后，网站会弹出对话框，提示 IMAP/SMTP 已开启，并生成第三方客户端登录授权码，妥善保存好此授权码，见图 3.62。

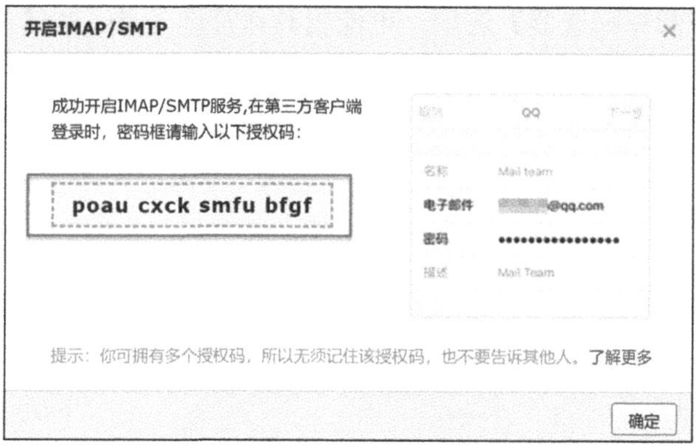

图 3.62 获取第三方客户端登录授权码

到此为止，我们已经成功开启该功能。另外，QQ 邮箱的通用配置如下，我们将在后文操作中使用这些配置信息。

接收邮件服务器为 imap.qq.com，使用 SSL，端口号为 993。

发送邮件服务器为 smtp.qq.com，使用 SSL，端口号为 465 或 587。

2. 检索电子邮件

（1）该操作的设置方法与之前介绍的检索 Outlook 中的电子邮件的类似，参照图 3.63 配置操作信息。注意，我们需将授权码填入【密码】中，而非填入电子邮箱密码。

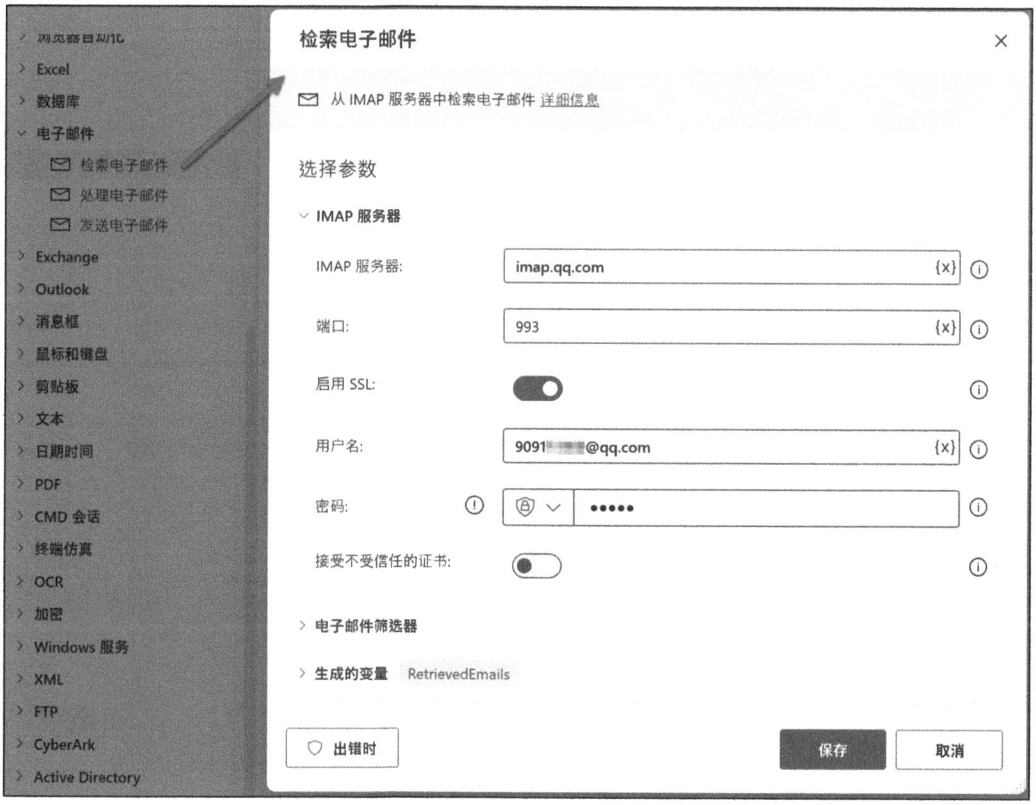

图 3.63 添加【检索电子邮件】操作

（2）展开【电子邮件筛选器】选项，可配置具体筛选条件，除【邮件文件夹】为必选项，其余均为可选项，用户可根据自己的实际搜索要求配置，不赘述。见图 3.64，该操作默认生成变量 %RetrievedEmails%，存储电子邮件对象。

图 3.64　设置【邮件文件夹】和【"主题" 包含】

（3）执行流完毕后，单击流变量中的 %RetrievedEmails%，便可观察符合条件的电子邮件，见图 3.65。

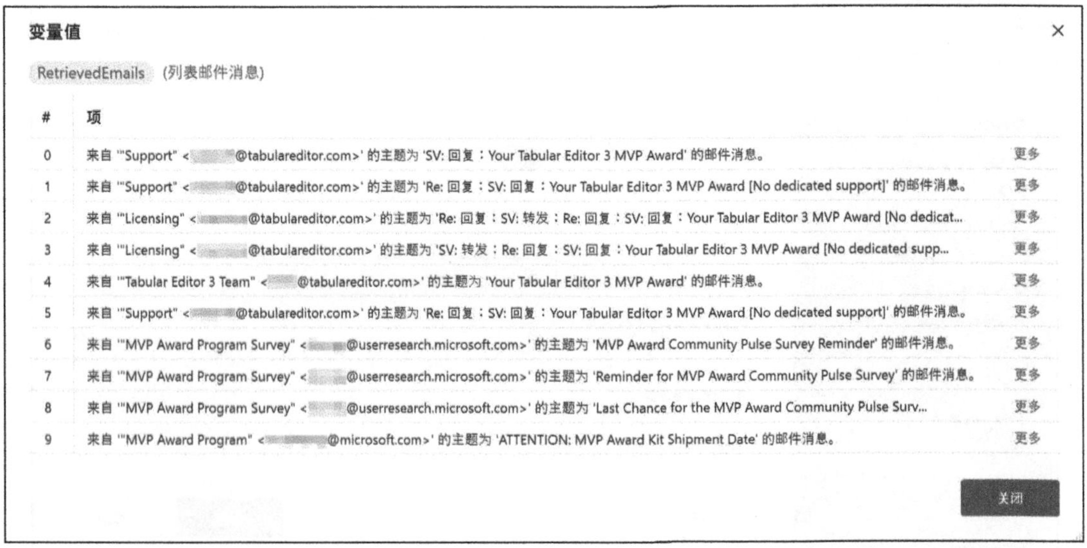

图 3.65　查看生成的变量 %RetrievedEmails% 中的邮件对象

（4）单击右侧的【更多】，便可以查看某一封电子邮件的具体对象属性，见图 3.66。

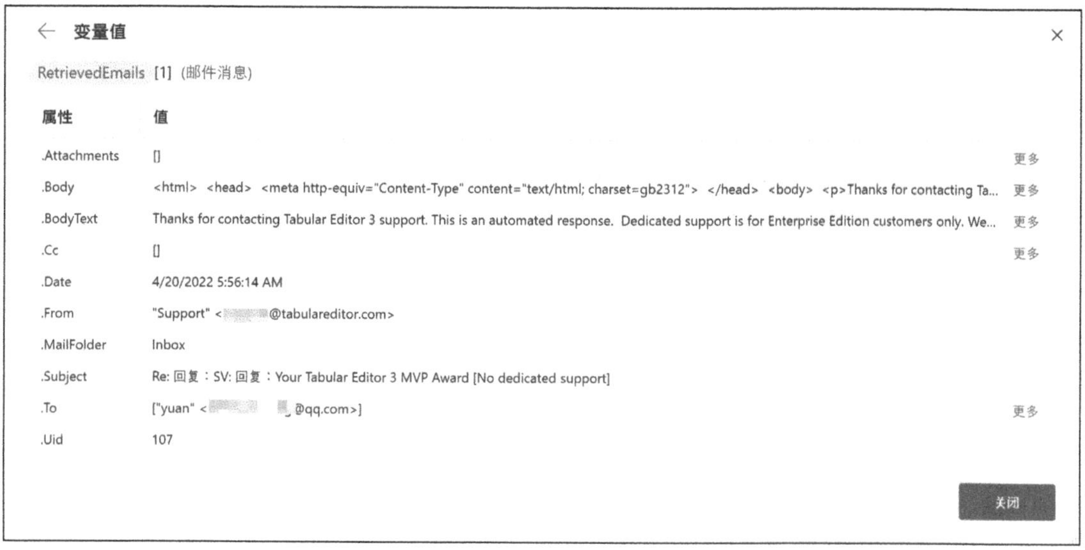

图 3.66 查看其中一封电子邮件的对象属性

需要提醒的是，检索文件夹功能可能存在一定的兼容问题，例如在查找 QQ 邮箱文件夹的时候，出现无法检索某些文件夹的错误，这可能是操作邮箱不支持某些服务功能而导致的，见图 3.67。

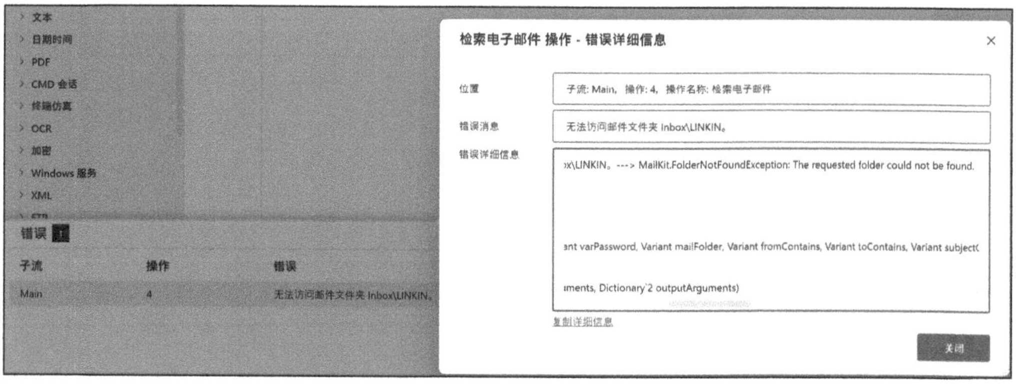

图 3.67 无法检索 QQ 邮箱的指定文件夹

3. 处理电子邮件

该操作的设置方法与之前介绍的处理 Outlook 中的电子邮件的类似，参照配置操作信息，注意，我们需将授权码填入【密码】栏，而非填入邮箱密码，见图 3.68。

4. 发送电子邮件

该操作的设置方法与之前介绍的通过 Outlook 发送电子邮件的类似，该操作使用的是 SMTP 而非 IMAP，参照图 3.69 与图 3.70 配置操作信息。注意，我们需将授权码填入【密码】中，而非填入电子邮箱密码。

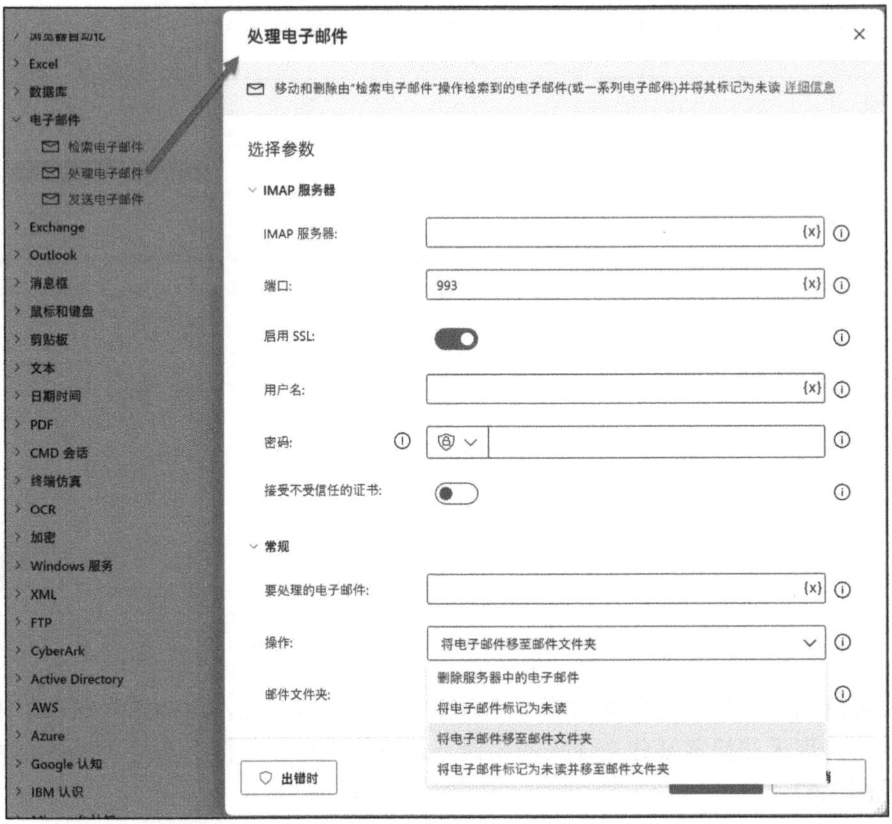

图 3.68　添加【处理电子邮件】操作

图 3.69　添加【发送电子邮件】操作

图 3.70 展开【常规】选项，配置具体参数

【本章小结】

本章主要介绍了 Excel、文件夹与文件、Outlook 与电子邮件方面的核心操作。在 Excel 操作中，我们重点介绍了对 Excel 文件进行增、删、查、改的操作。文件夹操作与文件操作有许多相似之处，我们对比了其中的相同与不同。在 Outlook 客户端和电子邮件操作中，我们重点介绍了 Outlook 的核心操作。值得一提的是，桌面流中的 Outlook 操作用于桌面客户端的 Outlook 应用工具，而云端流中的 Outlook 操作则用于 Microsoft 365 云端 API 调用，与桌面客户端 Outlook 应用无关，这是两者的主要区别。另外，由于第三方邮箱的设置，并非所有电子邮件操作功能能 100% 兼容，如对 QQ 邮箱文件夹中的电子邮件进行检索，其中一种解决方法是将 QQ 邮箱配置到 Outlook 客户端中，以便可以通过 Outlook 操作对 QQ 邮箱进行操作。

第 4 章　PDF、文本与压缩核心操作

4.1　PDF 核心操作

Power Automate Desktop 有 5 种关于 PDF 的操作，它们的主要用途是对 PDF 内容进行提取、合并等。

1. 从 PDF 提取文本

该操作用于从指定 PDF 中提取文本，【要提取的页面】中有【所有】【单个】【范围】3 种方式①，【高级】选项的【针对结构化数据进行优化】可对 PDF 中的结构化数据进行一定程度的优化②，见图 4.1。图 4.2 所示为是否采用【针对结构化数据进行优化】的效果对比。

图 4.1　添加【从 PDF 提取文本】操作

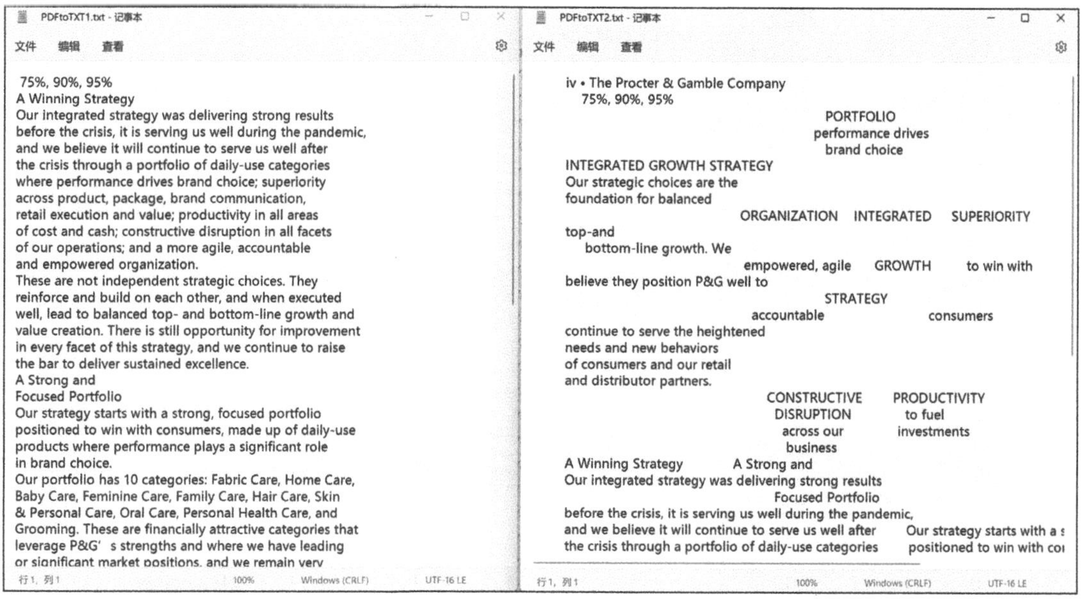

图 4.2 左图为单纯提取文本，右图为使用了【针对结构化数据进行优化】提取的文本

2. 从 PDF 中提取表

该操作用于从指定 PDF 中提取表，见图 4.3。

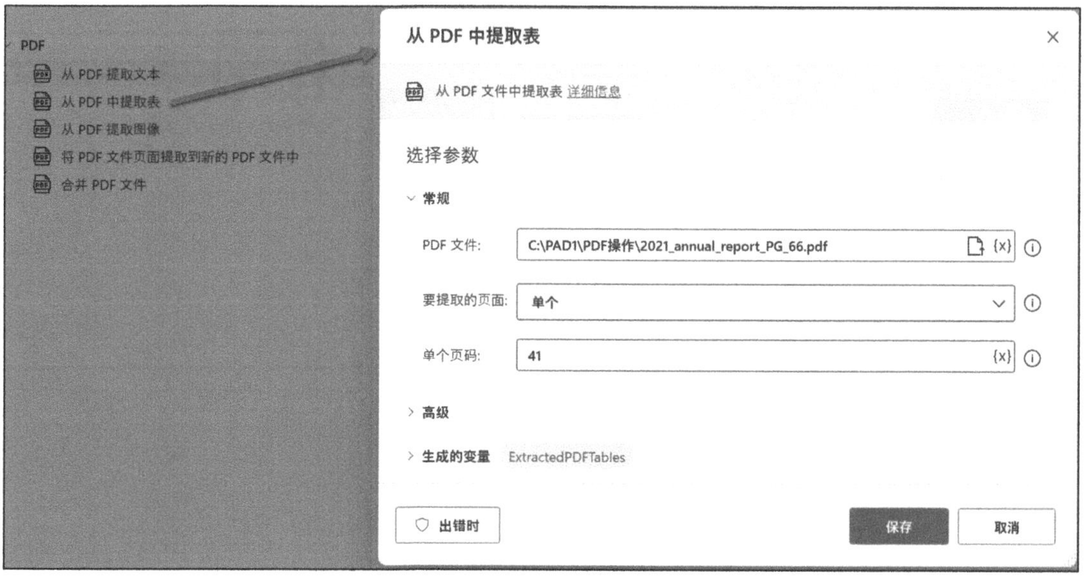

图 4.3 添加【从 PDF 中提取表】操作

3. 从 PDF 提取图像

该操作用于从指定 PDF 中提取图像，【图像名称】为必填字段，表示文件名的前缀，见图 4.4。图 4.5 所示为从 PDF 中提取出来的图像及其名称。

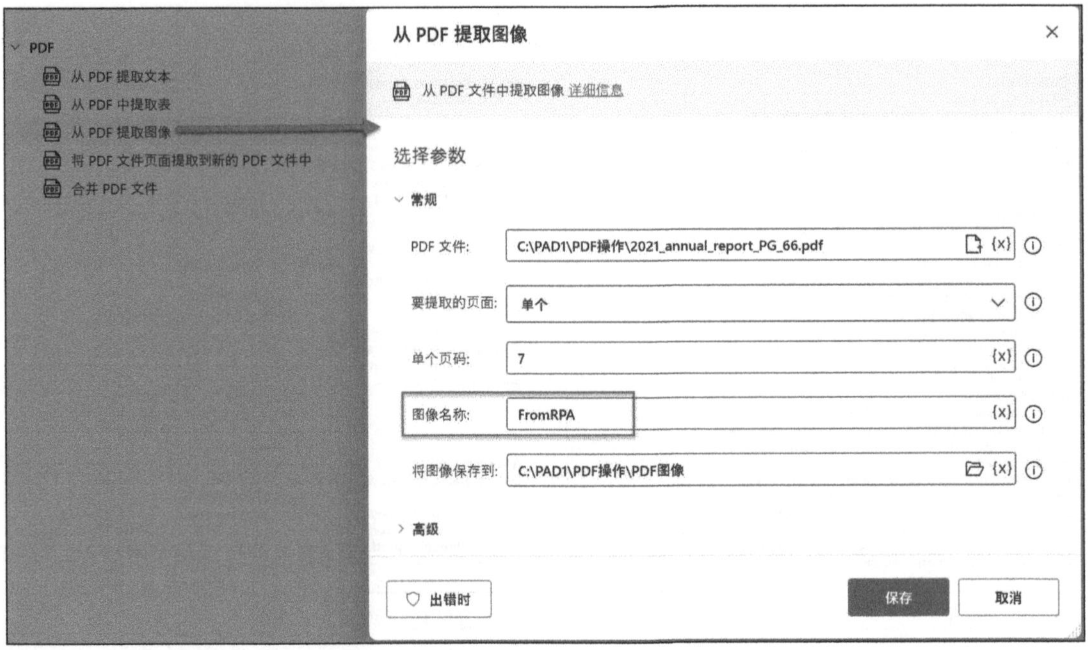

图 4.4 添加【从 PDF 提取图像】操作

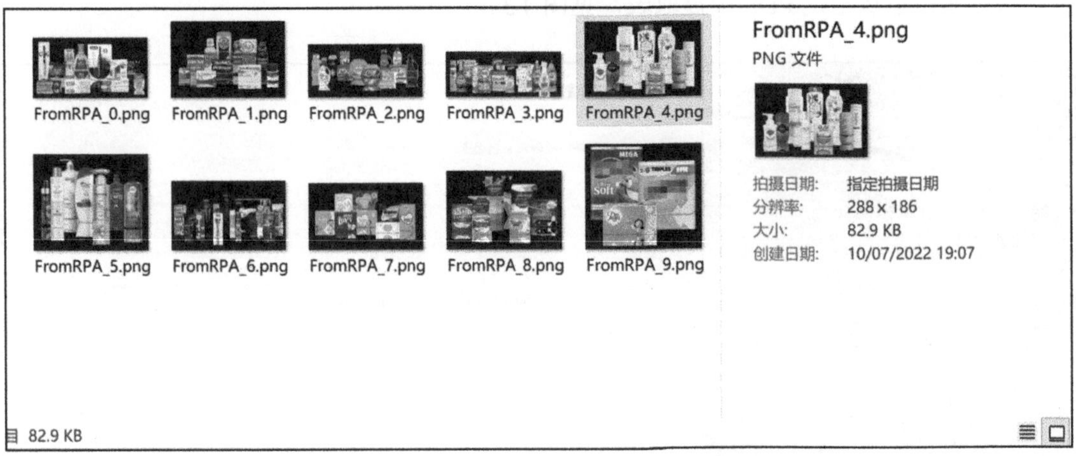

图 4.5 从 PDF中提取出来的图像及其名称

4. 将 PDF 文件页面提取到新的 PDF 文件中

该操作用于从指定 PDF 文件中提取页面。例如，在图 4.6 中一共有 4 页内容，通过图 4.7 的操作，我们可以将 PDF 文件中的页面 4 单独提取到新的文件中。如果需要提取多页则可以写入页数范围，例如【1-3】代表提取第 1 页到第 3 页的内容，见图 4.8。

5. 合并 PDF 文件

该操作用于合并指定的 PDF 文件，例如我们将前文的页面 4 文件打印和扫描后（见图 4.9）与页面 1、2、3 进行合并。

图 4.6 PDF文件示意

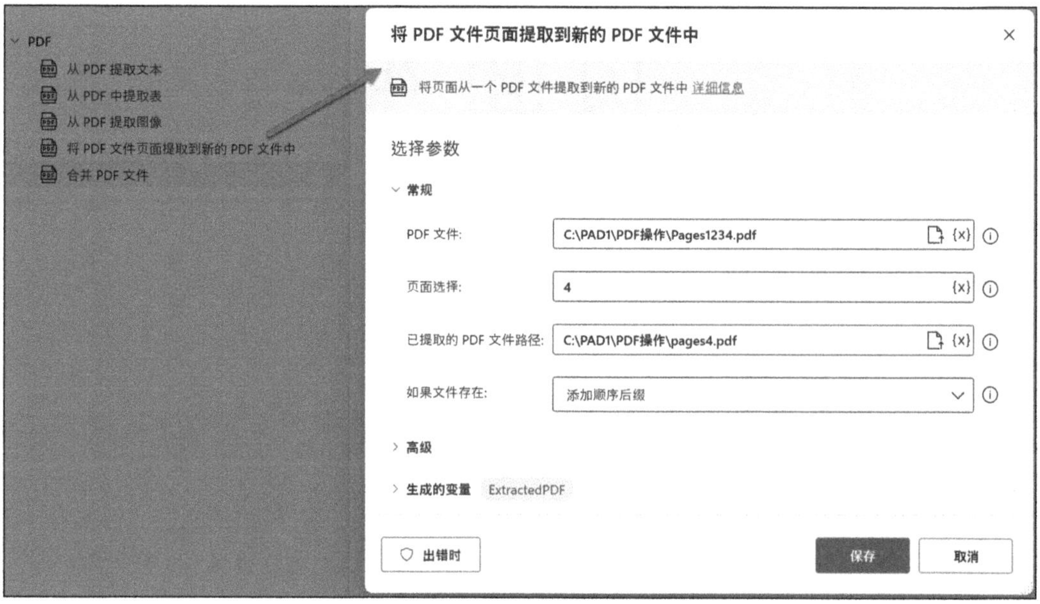

图 4.7 【将 PDF 文件页面提取到新的 PDF 文件中】

图 4.8　将多页内容提取到新的 PDF 文件中操作

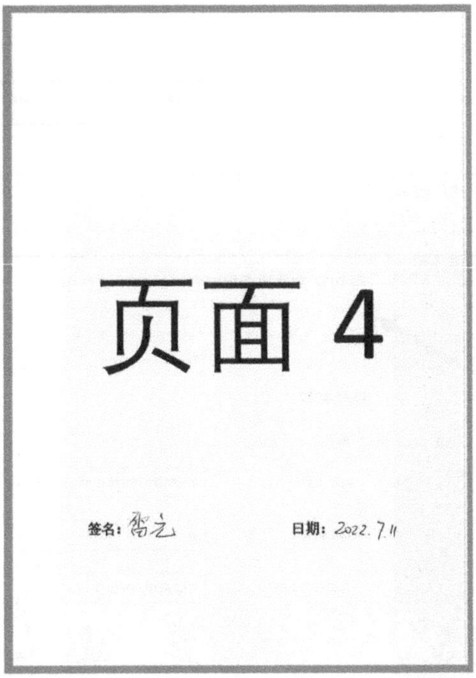

图 4.9　提取后的页面 4，经过打印后再扫描

图 4.10 所示为【合并 PDF 文件】操作的设置示意，注意当单击图标进行文件选择时，选择文件的顺序与合并文件的先后顺序正好相反，因此我们先选择页面 4，再选择页面 1、2、3。图 4.11 所示为【合并 PDF 文件】操作的结果示意。

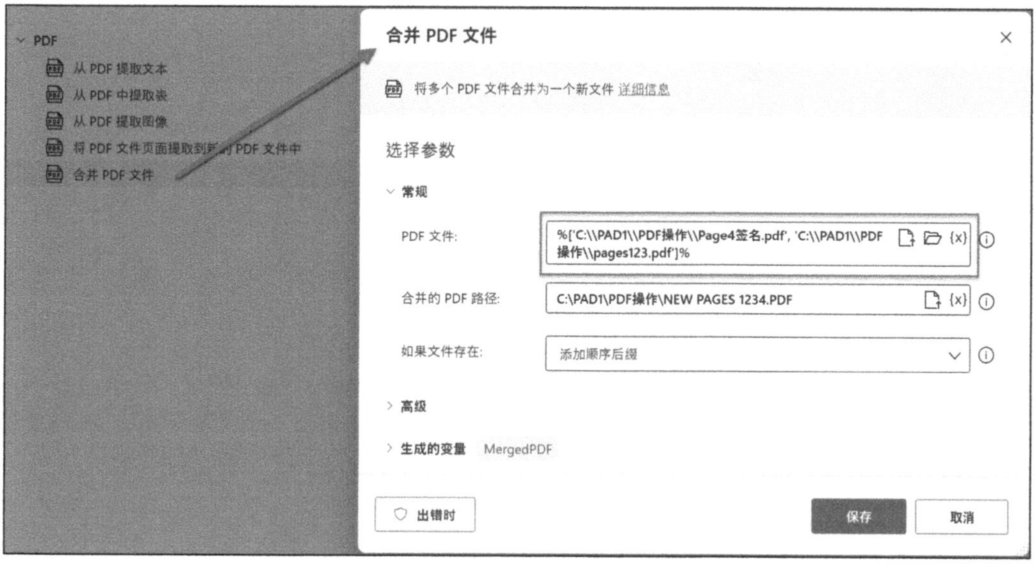

图 4.10　添加【合并 PDF文件】操作

图 4.11　PDF 文件合并后的效果

4.2 文本核心操作

文本操作的内容较多，包括我们经常用到的获取子文本、替换、拆分、联接文本等。由于篇幅原因，本节仅选择文本核心操作介绍。

1. 填充文本

该操作用于填充指定的文本，我们可以用此操作对字符串进行“补零”操作，见图 4.12 与图 4.13。

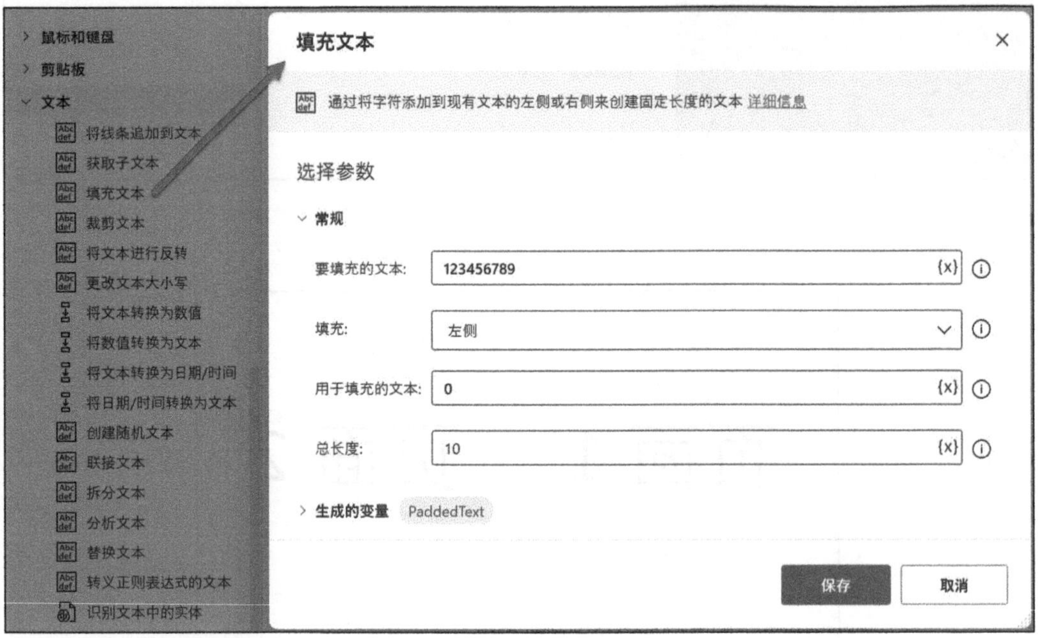

图 4.12 添加【填充文本】操作

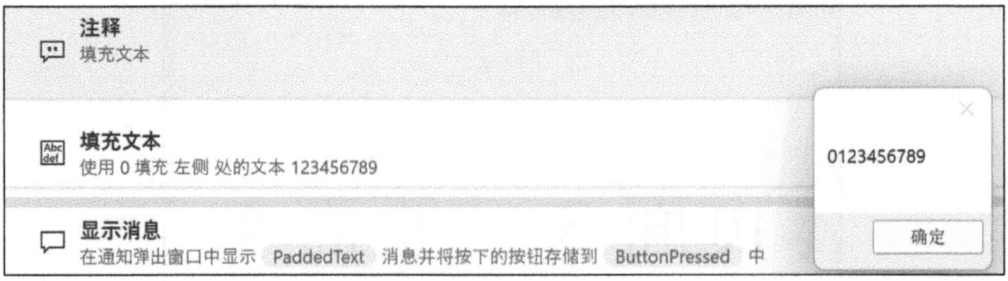

图 4.13 填充文本后的效果

2. 将文本转换为数值

该操作用于将文本转换为数值，当需要对数字字符串进行运算时，我们便可以通过此操作转换字符串类型，见图 4.14 与图 4.15。

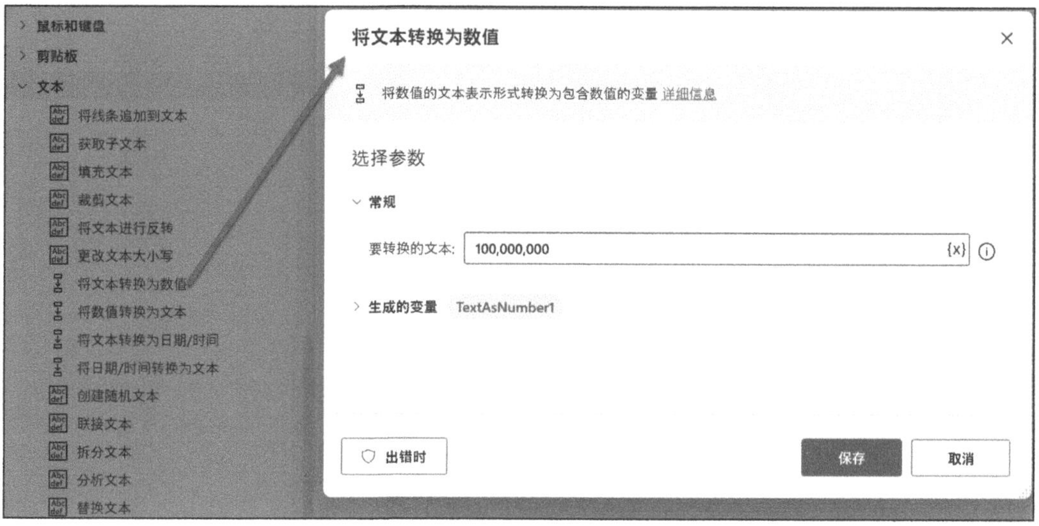

图 4.14 添加【将文本转换为数值】操作

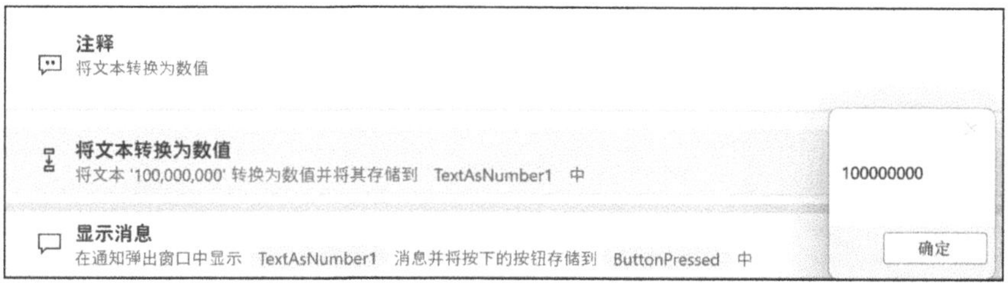

图 4.15 文本转换为数值的结果

3. 将数值转换为文本

该操作用于将数值转换为文本，当需要为文件添加数值信息时，我们需要先将数值转换为文本，再完成字符串添加，见图 4.16 与图 4.17。

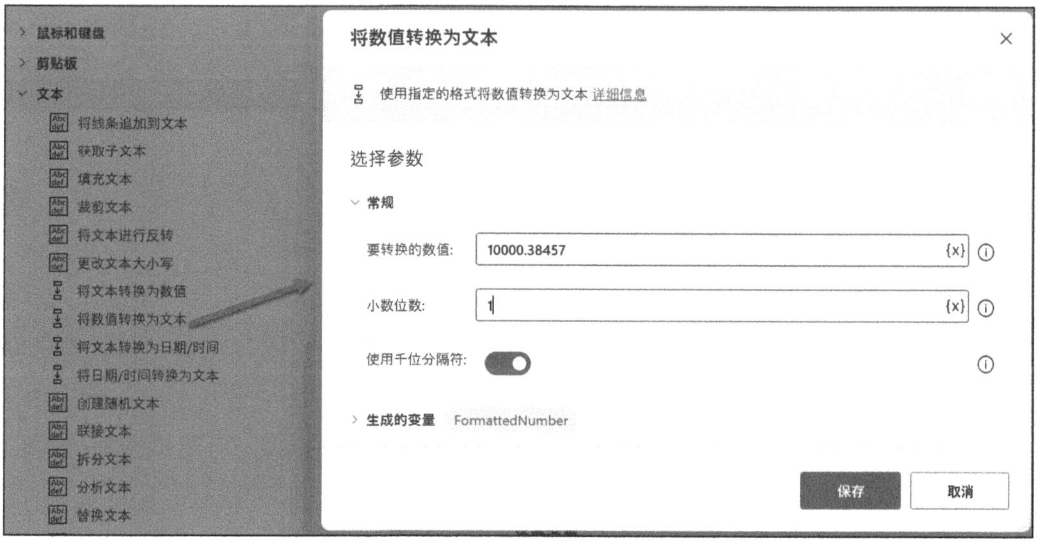

图 4.16 添加【将数值转换为文本】操作

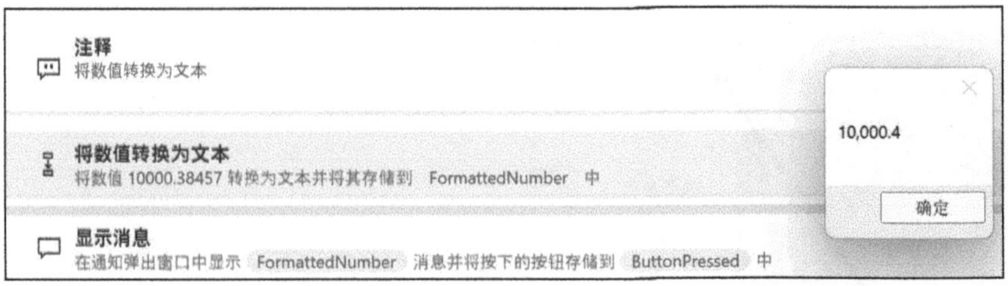

图 4.17　数值转换为文本的结果

4. 将文本转换为日期 / 时间

该操作用于将文本转换为日期 / 时间，当需要对日期 / 时间字符串进行运算时，我们便可以通过此操作转换日期 / 时间，然后进行相应的操作，见图 4.18 与图 4.19。

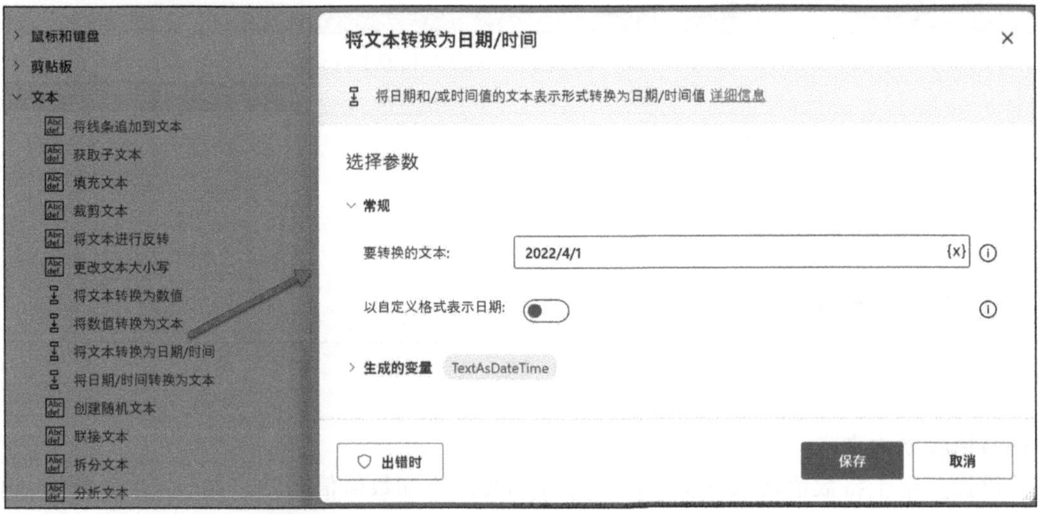

图 4.18　添加【将文本转换为日期 / 时间】操作

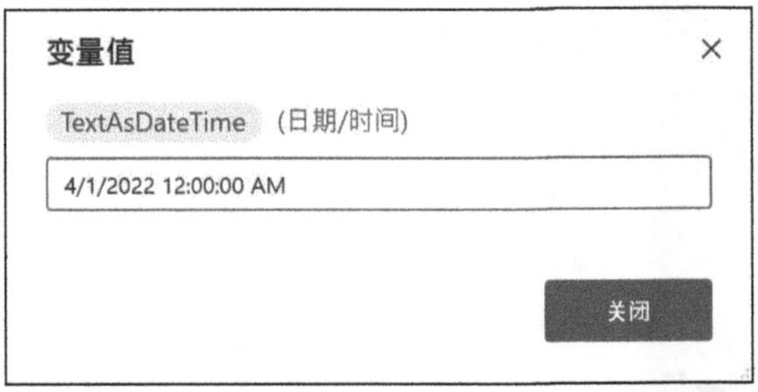

图 4.19　查看转换后的日期 / 时间变量值

5. 将日期 / 时间转换为文本

该操作用于将日期 / 时间转换为文本，当需要为文件添加日期 / 时间信息时，我们需要先将日期 / 时间转换为文本，再完成字符串添加，见图 4.20 与图 4.21。

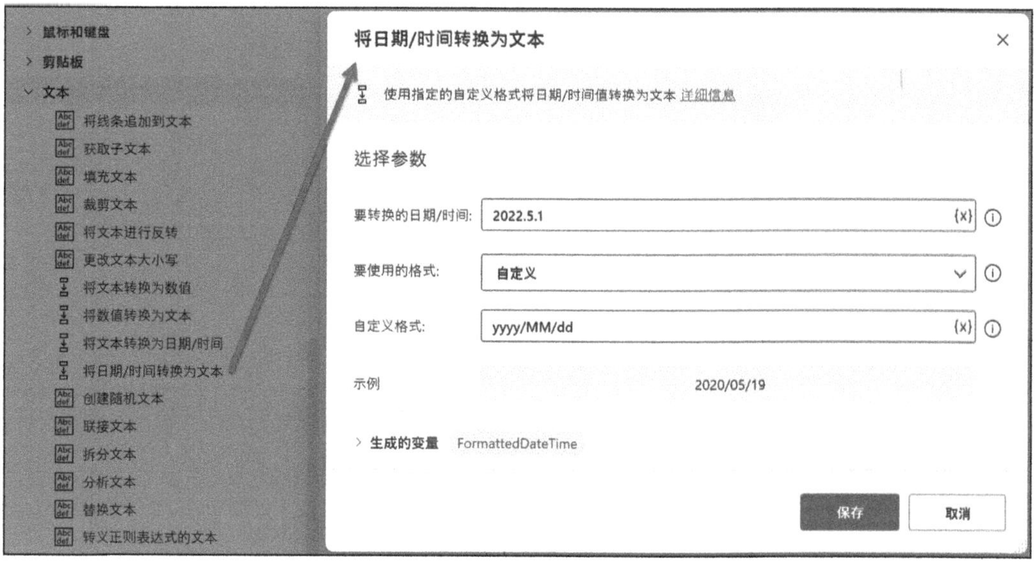

图 4.20　添加【将日期 / 时间转换为文本】操作

图 4.21　查看转换后的变量值

6. 分析文本

该操作用于查找指定文本中的指定字符串，并以变量值的形式返回位置信息。以图 4.22 为例，让我们尝试查找与 Power BI 字符串相关的位置，先通过【从文件读取文本】操作获取字符串（参阅文件操作），然后参照图 4.23，添加【分析文本】操作，图 4.24 所示为分析文本的结果。

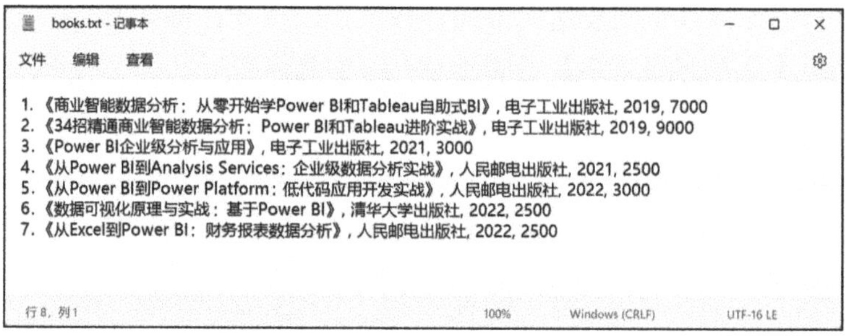

图 4.22　要读取的文本内容示例

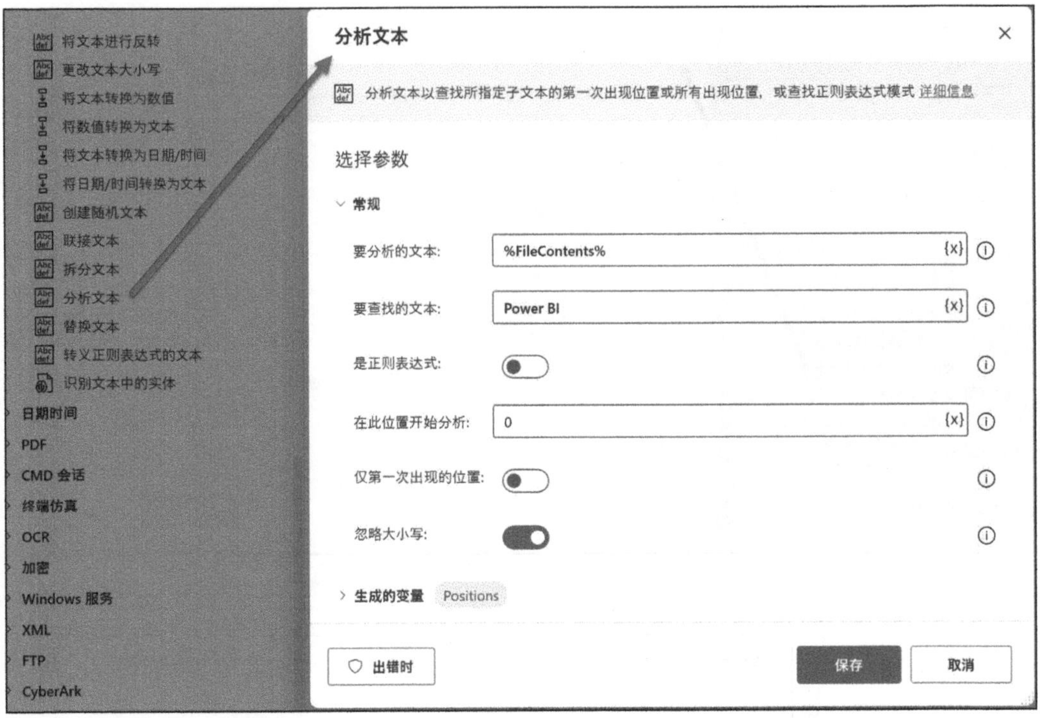

图 4.23　添加【分析文本】操作

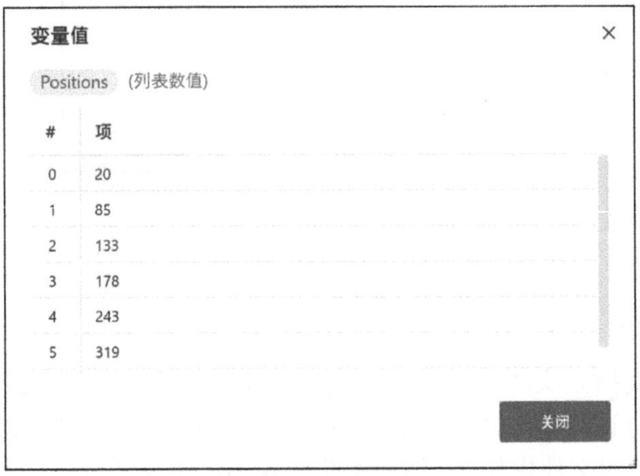

图 4.24　分析文本的结果

【分析文本】也支持以正则表达式方式查找位置，例如在图 4.25 中，我们可开启【是正则表达式】，在【要查找的文本】中填写 \d，表示查找数字。

7. 将线条追加到文本

该操作的英文原文为 Append line to text，用于对指定文本追加新行文本，图 4.26 所示为预先设置的文本。我们参照图 4.27 为文本添加新行，完成设置后，执行流，效果见图 4.28。

分析文本
分析文本以查找所指定子文本的第一次出现位置或所有出现位置，或查找正则表达式模式 详细信息
选择参数
常规
要分析的文本:
%FileContents%
要查找的文本:
\d
是正则表达式:
在此位置开始分析:
0
仅第一次出现的位置:
忽略大小写:
生成的变量 Positions Matches
出错时
保存
取消

图 4.25 使用正则表达式

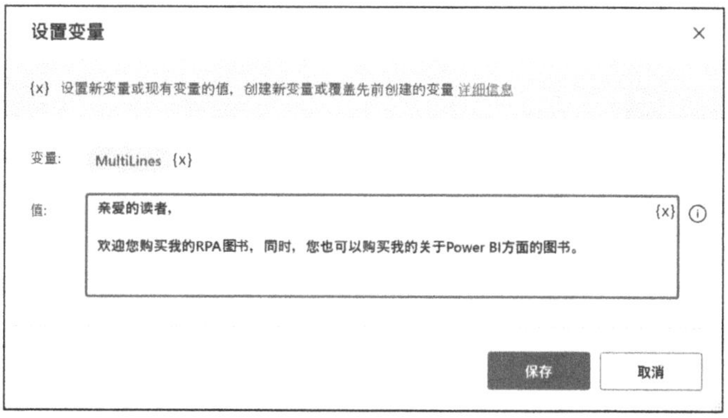

设置变量
设置新变量或现有变量的值，创建新变量或覆盖先前创建的变量 详细信息
变量:
MultiLines {x}
值:
亲爱的读者，
欢迎您购买我的RPA图书，同时，您也可以购买我的关于Power BI方面的图书。
保存
取消

图 4.26 预先设置的文本

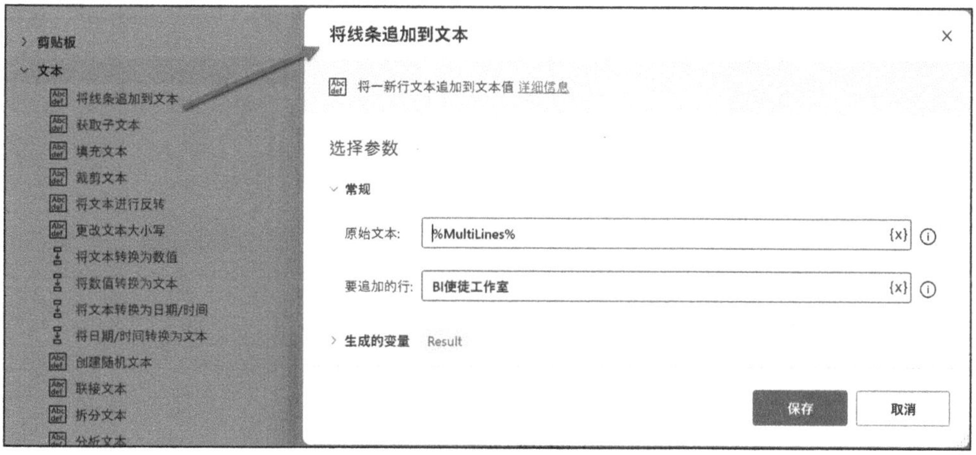

剪贴板
文本
将线条追加到文本
获取子文本
填充文本
裁剪文本
将文本进行反转
更改文本大小写
将文本转换为数值
将数值转换为文本
将文本转换为日期/时间
将日期/时间转换为文本
创建随机文本
联接文本
拆分文本
分析文本
将线条追加到文本
将一新行文本追加到文本值 详细信息
选择参数
常规
原始文本:
%MultiLines%
要追加的行:
BI使徒工作室
生成的变量 Result
保存
取消

图 4.27 添加【将线条追加到文本】操作

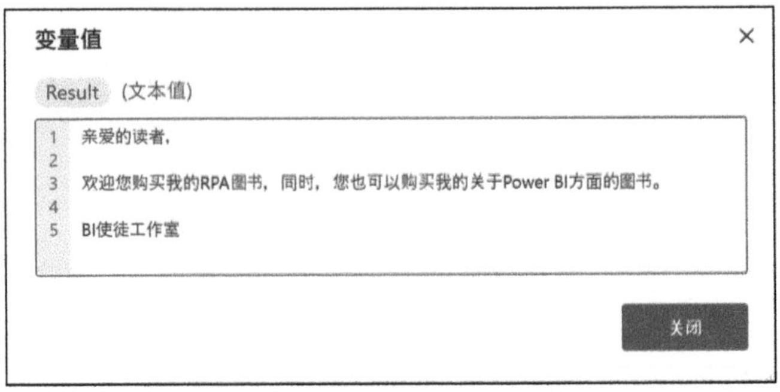

图 4.28　添加行后的效果

4.3　压缩核心操作

压缩核心操作只有两个：Zip（压缩）文件和解压缩文件。

1. Zip 文件

该操作用于将指定文件压缩为 ZIP 文件，我们可选择压缩单个文件、多个文件或者整个文件夹，也可以选择【压缩级别】，压缩级别越高，花费的压缩时间越长，见图 4.29 与图 4.30。

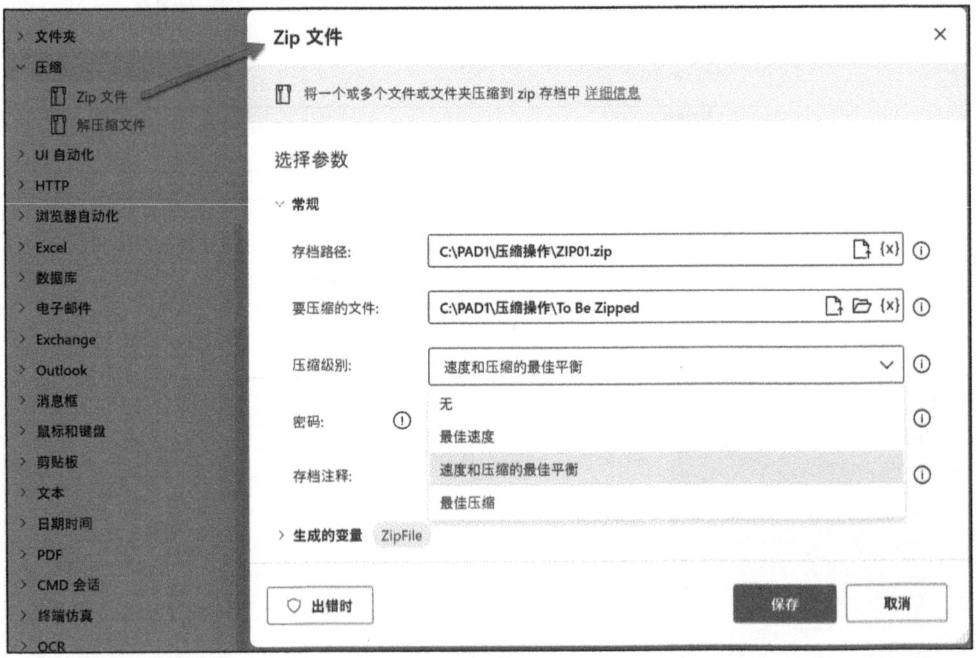

图 4.29　添加【Zip 文件】操作

2. 解压缩文件

该操作用于将指定 ZIP 文件解压缩，【包括掩码】用于选择需要被解压缩的文件类型，或者也可用【排除掩码】排除不需要被解压缩的文件类型，见图 4.31 与图 4.32。

图 4.30 【Zip 文件】操作完成后的效果

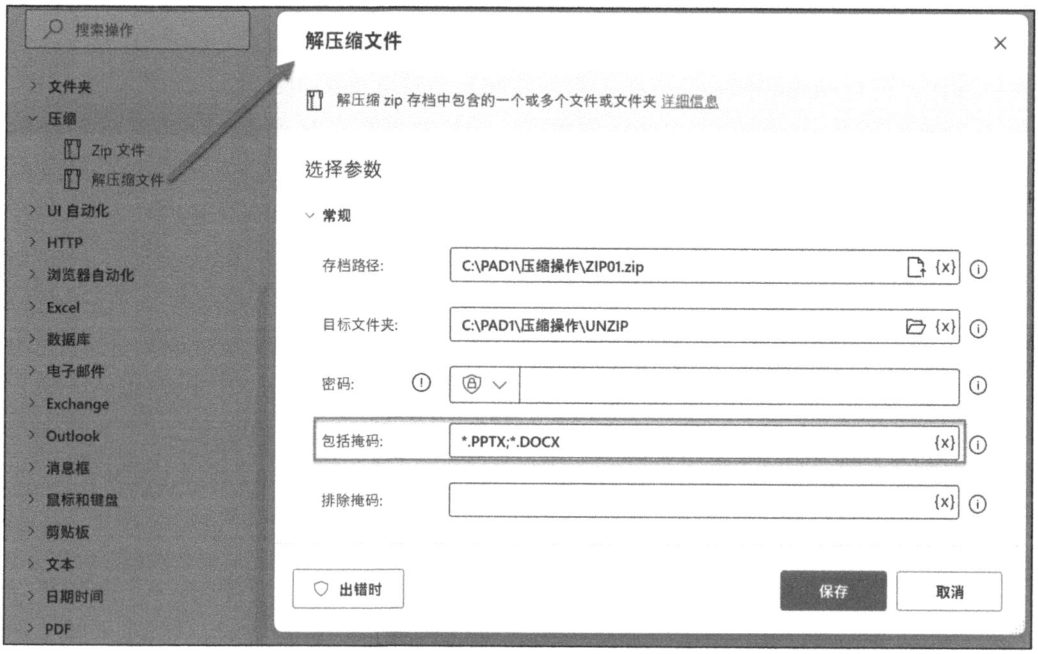

图 4.31 添加【解压缩文件】操作

图 4.32 解压缩符合筛选条件的文件

【本章小结】

本章主要介绍了 PDF、文本和压缩 3 个大类中的核心操作。PDF 核心操作包括提取、合并等操作，文本核心操作包括填充、文本类型转换等操作，压缩操作包括 Zip 和解压缩两种常用文件的处理操作。

第 5 章 UI 元素入门

什么是用户界面（User Interface，UI）元素？到目前为止，我们已经学习了一些应用相关的操作，而自动化的核心价值在于实现系统与系统之间的自动化。例如，桌面流自动启动 A 系统和 B 系统，并从 A 系统读取数据，再将数据写入 B 系统。UI 元素便是实现系统之间自动化联动的核心组件。简单而言，UI 元素用于捕捉桌面应用或者网页端应用中的 UI 元素（按钮、文本框、单选按钮），然后我们可以在 Power Automate Desktop 中去调用 UI 元素，从而实现自动化控制的效果。

Power Automate Desktop 中通常有两种主要的方式可获取 UI 元素：录屏（记录器）和添加 UI 元素。录屏比较简单，直接生成可执行的桌面流，适用于简单的静态自动化操作（如登录系统），但不能满足动态输入 / 输出数据的需求。另一种是添加 UI 元素，该方式可更加全面地捕捉 UI 元素，但不直接生成可执行的桌面流，用户需要添加相关操作生成桌面流，能满足动态输入 / 输出数据的需求。在某些场景下，我们可以混合使用录屏功能与添加 UI 元素功能，以更有效率地生成桌面流。

5.1 录屏

5.1.1 为 Windows 桌面应用录屏

在第一个示例中（且称为计算器示例），我们将通过录屏实现简单数学运算的自动化。

（1）新创建桌面流，单击画布区上方的⊙图标启用记录功能，然后单击对话框中的【记录】按钮，见图 5.1。

（2）单击 Windows 任务栏中的搜索图标①，在搜索栏中输入关键字 cal ②，单击下方的计算器图标③，见图 5.2。

（3）此时单击记录器中的【暂停】按钮，观察记录中的步骤，如果需要重新录制，则可以单击【重置】按钮；如果要删除具体步骤，则单击步骤旁的🗑图标，见图 5.3。

图 5.1 启用记录功能

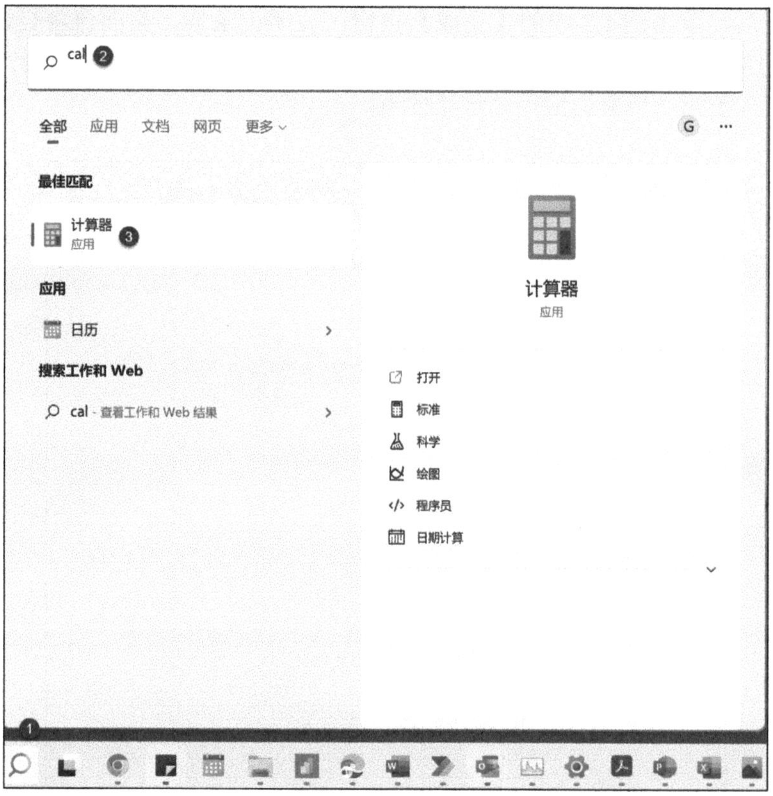

图 5.2 启用计算器

（4）再次单击【记录】按钮继续录屏，在弹出的计算器中输入 3、+、2、=。留意每一次按键时，计算器的按钮会出现红框，表示记录器正在尝试捕捉该按钮的 UI 元素，见图 5.4。

图 5.3 记录器中的步骤

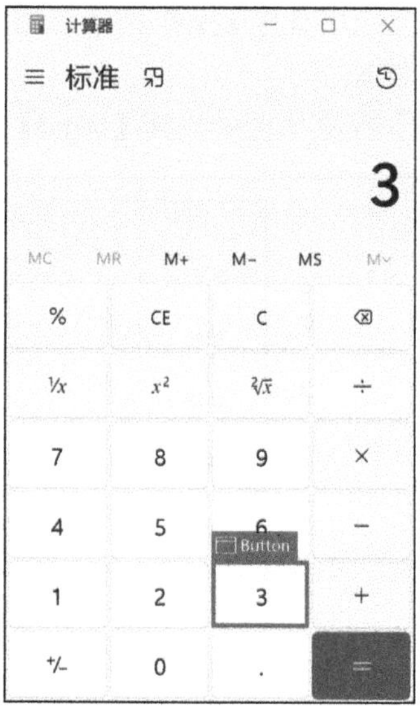

图 5.4 红框锁定按钮的 UI 元素

（5）完成后，单击图 5.3 中的【完成】按钮，关闭记录器。桌面流将自动返回到画布区中，并自动生成执行步骤，见图 5.5。现在尝试执行该桌面流，观察计算过程自动化。至此，我们完成了第一个桌面应用录屏桌面流。

图 5.5　录屏自动生成的执行步骤

读者可能会问：如果我的任务栏中没有搜索图标，该怎么办呢？这种情况下我们可添加【运行应用程序】操作直接启用应用。我们以在 Windows 11 系统中启用 Word 应用为例，操作方法如下。

（1）在菜单栏中找到【Word】图标，然后在快捷菜单中选择【打开文件位置】，见图 5.6。

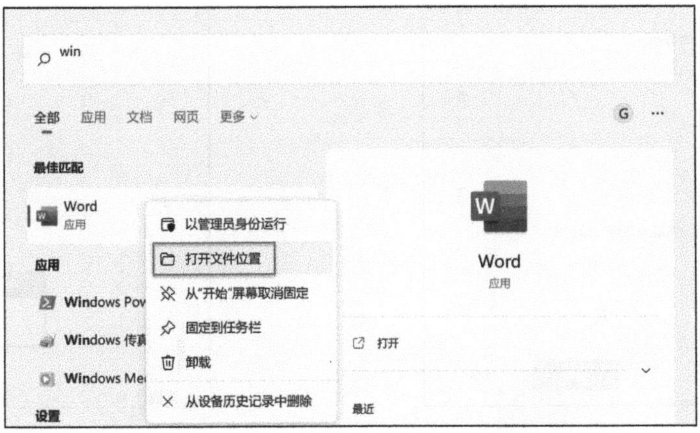

图 5.6　查找对应的应用并打开快捷方式所在位置

（2）跳转到 Word 快捷方式所在位置，但这不是执行文件路径。选中对应图标，右击，在快捷菜单中选择【打开文件所在的位置】，见图 5.7。

（3）跳转到 Word 所在的真实路径，选中执行文件，按 Alt+Enter 快捷键，并在对话框中的【安全】选项卡①中复制【对象名称】中的内容②，见图 5.8。

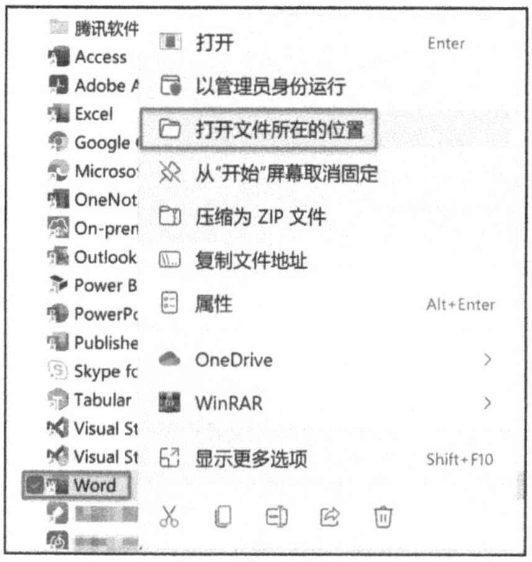

图 5.7 打开文件所在的位置

图 5.8 复制执行文件的对象名称

（4）在桌面流中添加【运行应用程序】操作，并将对象名称粘贴到【应用程序路径】中（需要添加双引号），其他选项为可选，单击【保存】按钮完成设置，见图 5.9。通过【运行应用程序】操作，我们便可以直接启用 Windows 中的任何应用。

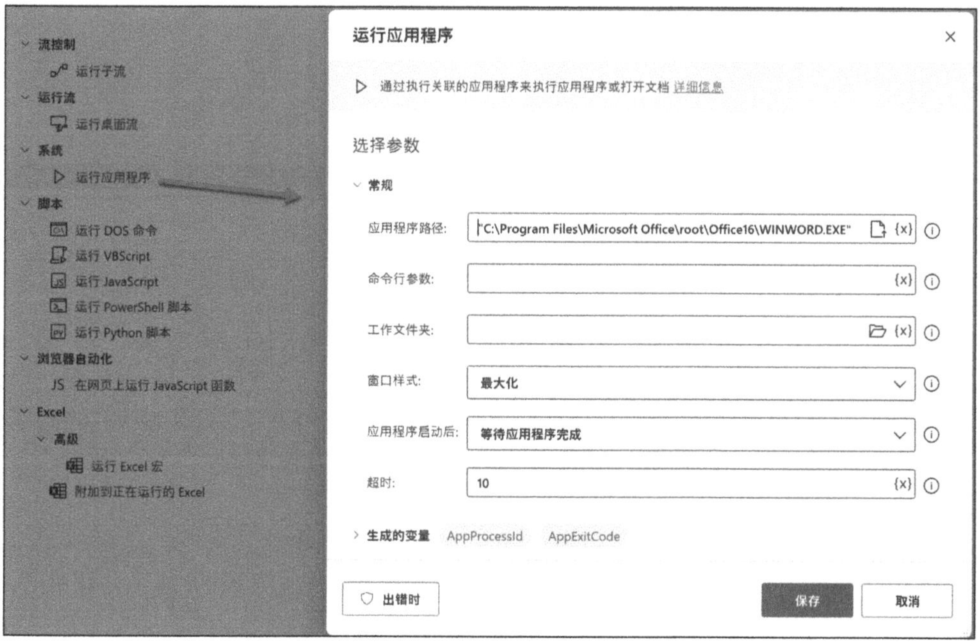

图 5.9 以【运行应用程序】操作启用 Word 的设置

5.1.2 为 Web 浏览器应用录屏

在第二个示例中（且称为问卷调研示例），我们通过为 Web 浏览器录屏的方式实现自动化填写网页操作。图 5.10 所示为用 Microsoft Forms 生成的调研问卷，读者可用 Microsoft Forms 创建类似的调研问卷。注意，目前 Power Automate Desktop 支持的浏览器有 Microsoft Edge、Google Chrome、Internet Explorer 和 Firefox 等，本示例使用的是 Microsoft Edge。

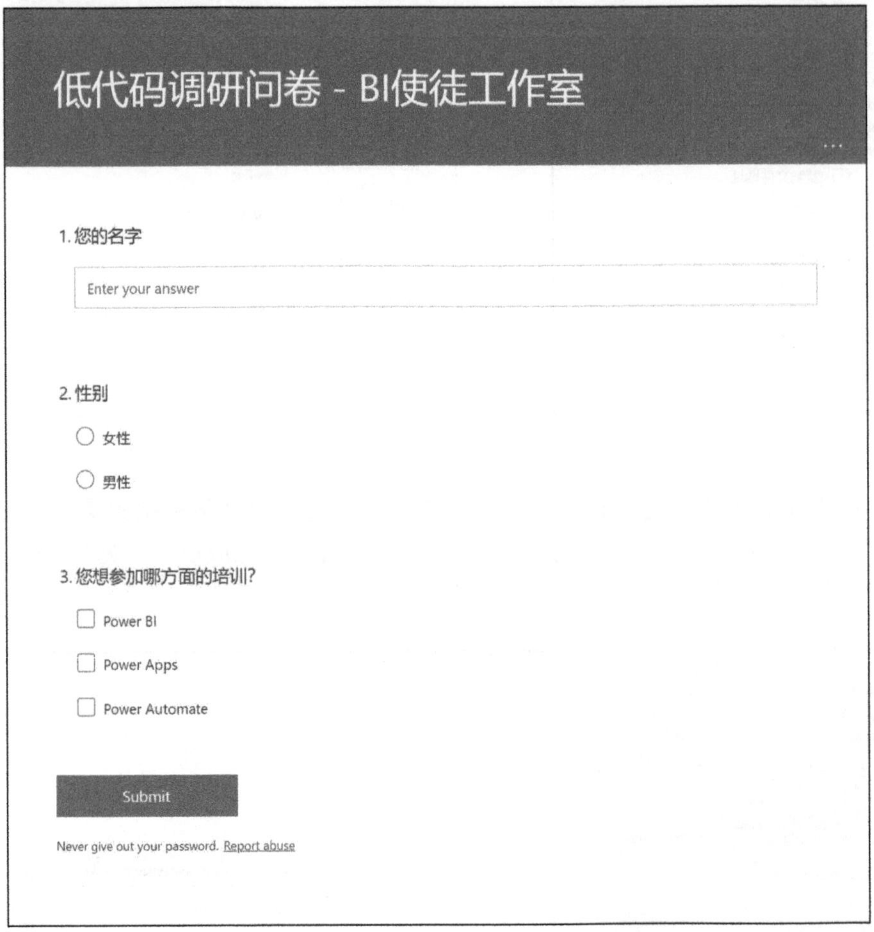

图 5.10 用 Microsoft Forms 生成的调研问卷

（1）新创建桌面流，单击画布区上方的◉图标启用记录功能，然后单击对话框中的【记录】按钮，当鼠标指针悬停在网页端控件上时，红框应出现，见图 5.11。如果没有出现红框，检查浏览器右上方的图标是否为激活状态（彩色则为激活），否则说明插件没有安装成功，建议参照第 1 章内容重新安装插件。

（2）需要注意的是，当我们尝试单击单选按钮或者复选框等类型控件时，记录器并没有生成新的步骤，因此我们需要单击旁边的文字描述，选择对应的选项，见图 5.12 与图 5.13。

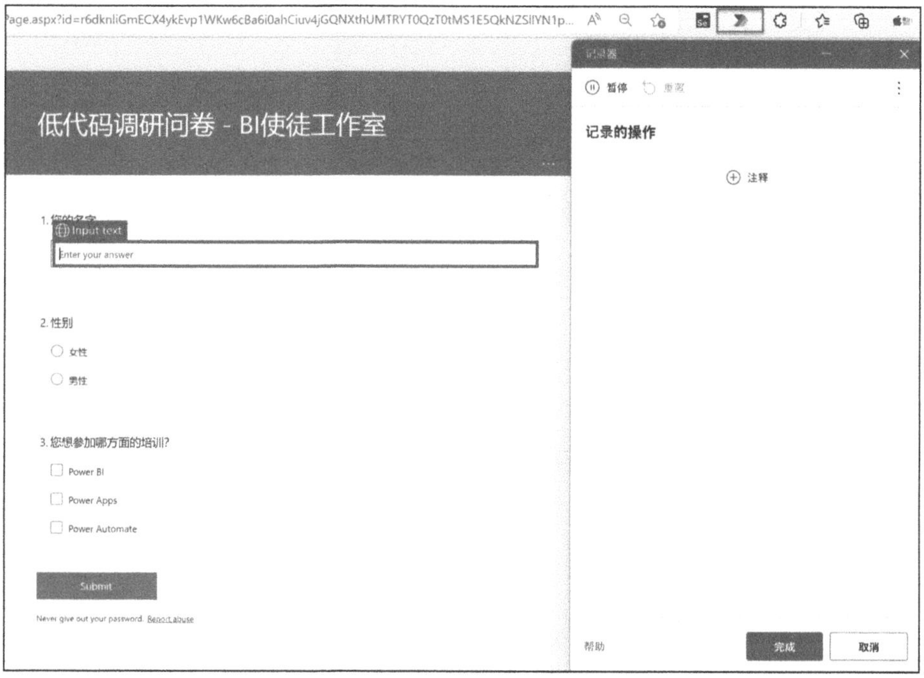

图 5.11 启用记录功能捕捉网页端的 UI 元素

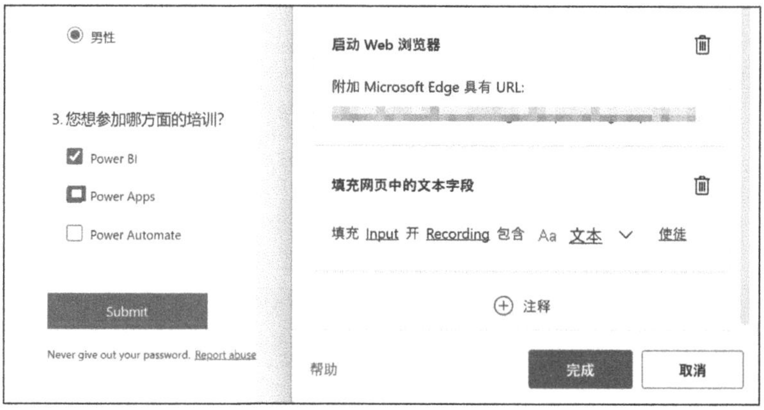

图 5.12 记录器无法捕捉单击复选框行为

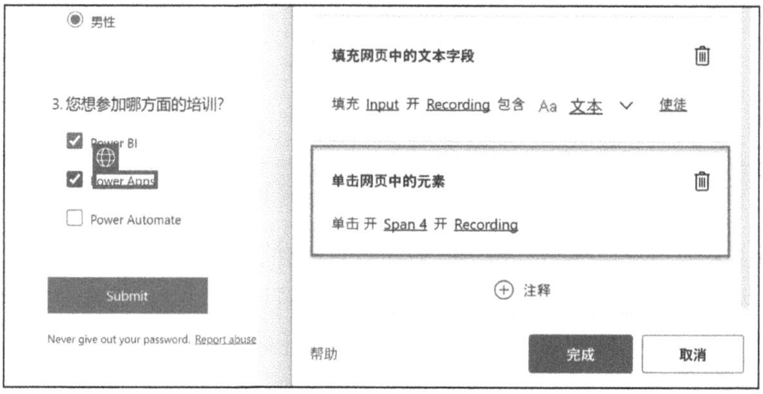

图 5.13 记录器可以捕捉单击复选框旁的文字描述

（3）单击【提交】按钮，见图 5.14。

图 5.14　用记录器记录调研问卷的填写内容

（4）单击【提交另一个回复】超链接返回主页并开始新的调研问卷，见图 5.15。

图 5.15　单击【提交另一个回复】返回主页

（5）完成录制后，单击图 5.14 中的【完成】按钮，关闭记录器，桌面流将自动返回到画布区中，并自动生成执行步骤，见图 5.16。现在请尝试执行该流，观察自动填写问卷过程。至此，我们完成了第一个 Web 浏览器应用录屏桌面流。

图 5.16 录屏自动生成的执行步骤

5.2 添加 UI 元素

在 5.1 节内容中，我们通过记录器自动生成了步骤，想必读者也发现了其中的一些局限性。例如，如果在加法运算中，我们要将公式改成【5+2】，那应该如何去获得【5】这个元素呢？我们当然不可能一遍又一遍地去录制新桌面流。更聪明的办法是添加【5】这个 UI 元素，替换已有步骤中的 UI 元素便可解决问题。本节将演示添加 UI 元素。

5.2.1 在 Windows 桌面中添加 UI 元素

（1）首先，打开前文生成的计算器桌面流示例，单击右侧图标①，可见以录屏方式自动生成的UI元素②，选中其中之一，下方同时显示截图信息，见图 5.17。

我们可以单击元素旁边的⋮图标，对指定元素进行改名（快捷键 F2）或者删除，见图 5.18。

（2）单击图 5.17 中的【添加 UI 元素】，此

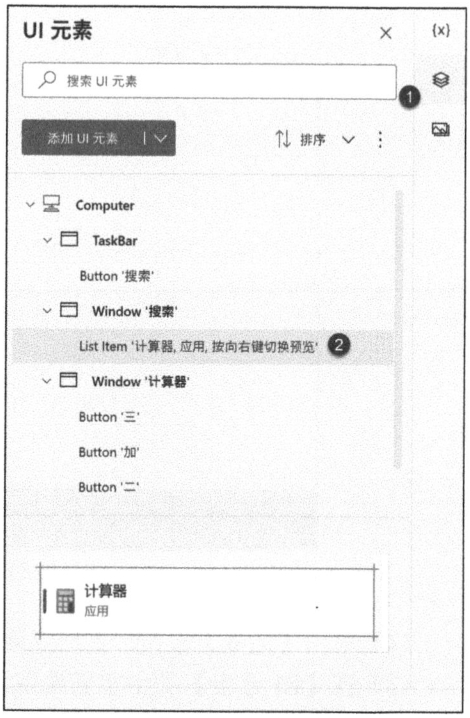

图 5.17 浏览 UI 元素

时 Power Automate Desktop 会弹出【UI 元素选取器】对话框，留意其中的文字指引，见图 5.19。

图 5.18　修改 UI 元素的名称或删除

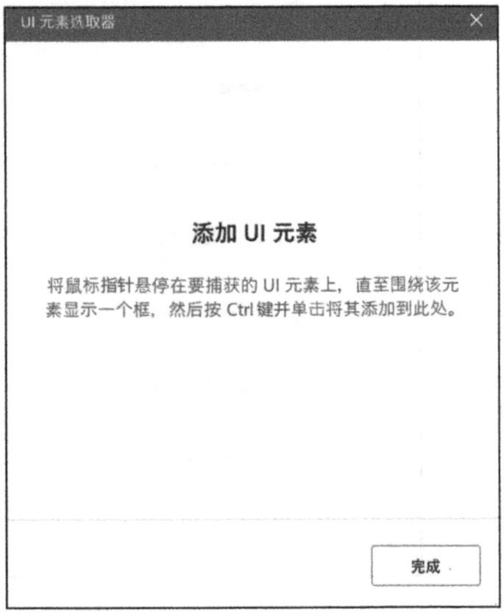

图 5.19　【UI 元素选取器】对话框

（3）按住 Ctrl 键，然后用鼠标选择数字按键，此时 UI 元素选取器也会生成相应的步骤，见图 5.20。

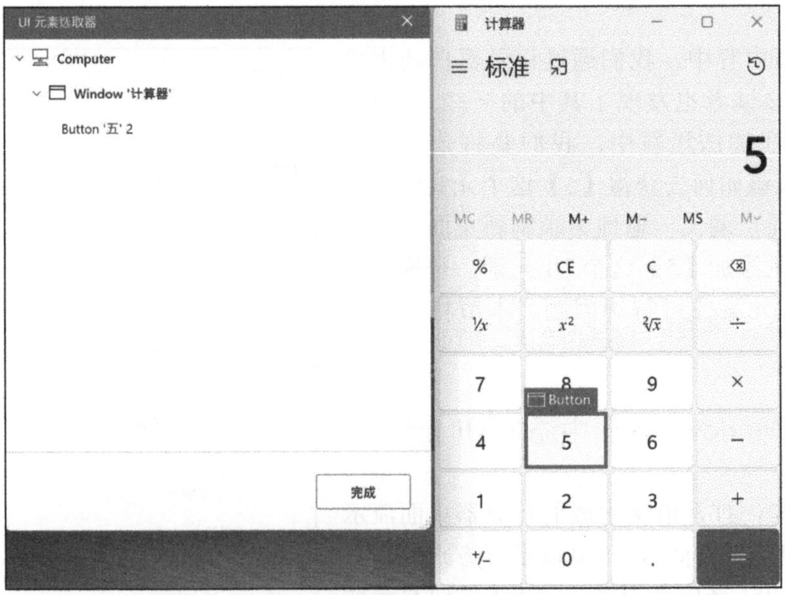

图 5.20　用 UI 元素选取器捕捉新的 UI 元素

（4）单击【完成】按钮，重新返回画布区，双击原有的步骤 6，见图 5.21。

（5）在【UI 元素】①中重新选取【5】这个新 UI 元素，单击【选择】和【保存】按钮完成设置，见图 5.22。

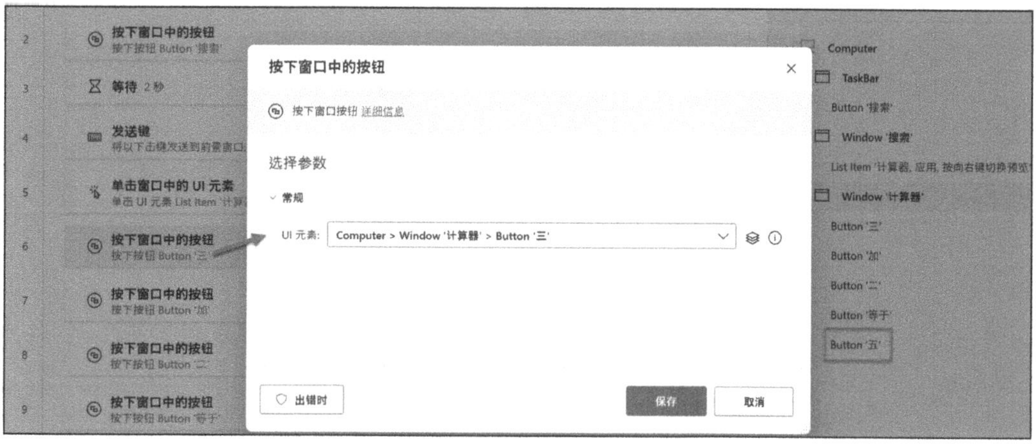

图 5.21 替换原有步骤中的 UI 元素 1

图 5.22 替换原有步骤中的 UI 元素 2

（6）再次执行桌面流，此时的运算结果已经变成了 5 加 2 等于 7，见图 5.23。

5.2.2 为 Web 网页端应用添加 UI 元素

本节中，我们为调研问卷示例添加 UI 元素。

（1）开启之前创建的调研问卷示例，同样是单击【添加 UI 元素】按钮，按住 Ctrl 键，同时单击相关的页面元素，例如【Power Apps】复选框，单击【完成】按钮结束，见图 5.24。

（2）返回到【UI 元素】面板，并对元素进行改名，见图 5.25。

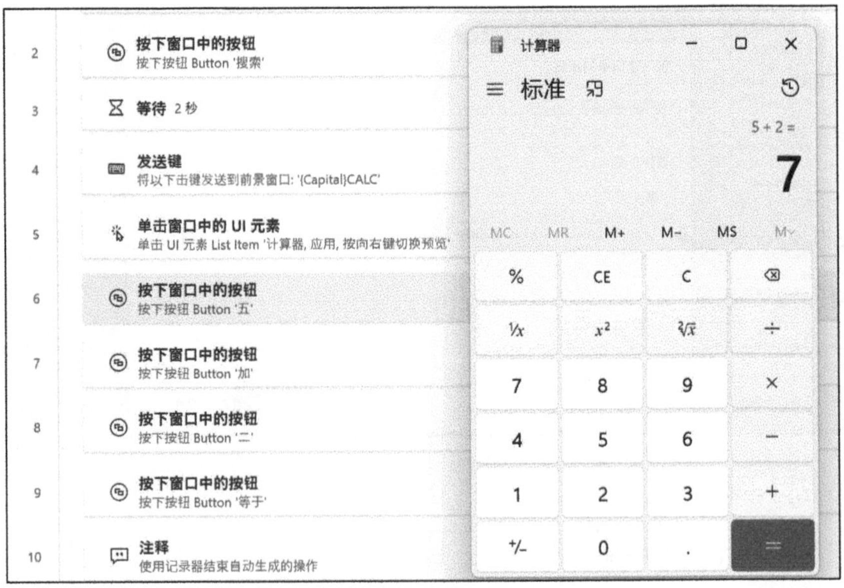

图 5.23　重新执行桌面流并产生新结果

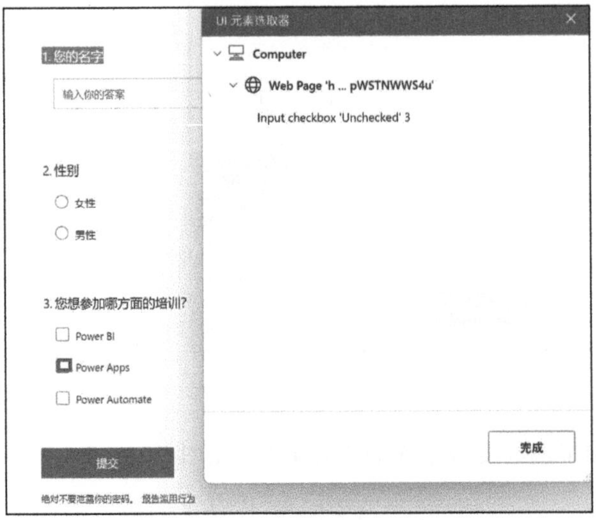

图 5.24　在浏览器中选取复选框

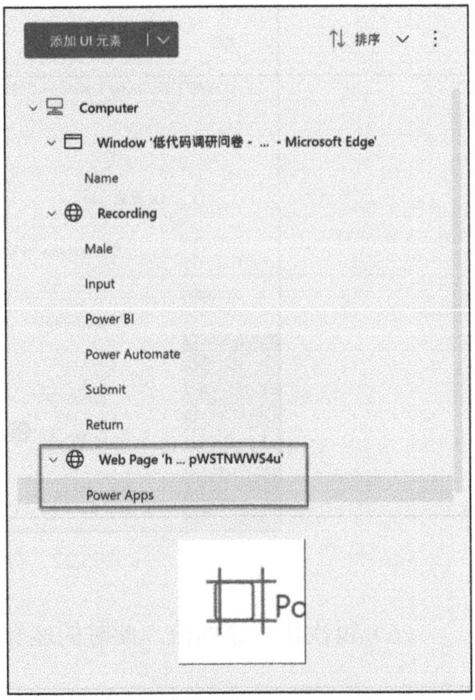

图 5.25　对新的 UI 元素进行改名

（3）添加【设置网页上的复选框状态】操作，在【UI 元素】中选择新生成的【Power Apps】元素，并设置【复选框状态】为【已选中】，单击【保存】按钮完成设置，见图 5.26。

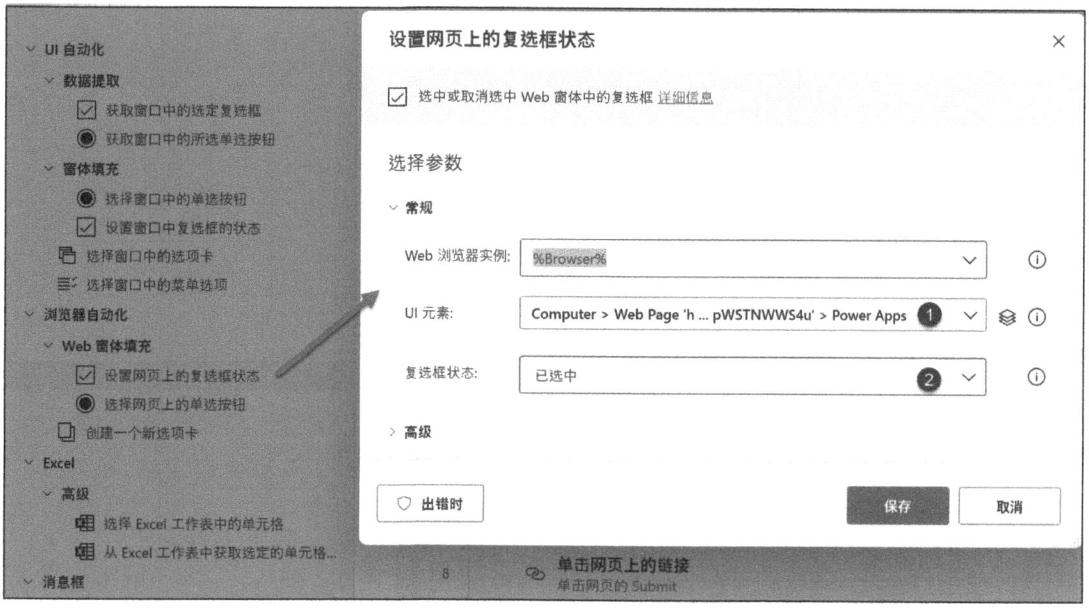

图 5.26 添加【设置网页上的复选框状态】操作

留意图 5.27 中的步骤 7 为新添加的复选框操作，与录屏生成的方式有所不同，这是由于两种所作用的 UI 元素类型不同而导致的，见图 5.27。

图 5.27 新添加的操作步骤

值得一提的是，如果此时关闭了原有的 Microsoft Edge 中的调研问卷窗口，该桌面流的第 2 步会失败，这是因为录屏生成的步骤 2 中的【启动模式】是【附加到正在运行的实例】，见图 5.28。一旦实例关闭，执行会因为无法附加到实例而失败。

因此，我们需要编辑图 5.28 中的设置，将其中的【启动模式】改为【启动新实例】，见图 5.29。再次执行桌面流，留意新步骤带来的变化。

图 5.28　录屏生成的启动新 Microsoft Edge 设置

图 5.29　手动调整【启动模式】为【启动新实例】

5.3　图像捕捉

什么是图像捕捉？简单来说，图像捕捉是通过捕捉图标的图像，并对其施加指定的作用的一种操作。让我们通过启用 Word 应用来演示图像捕捉的使用方式。为此，我们提前在桌面设置一个 Word 快捷方式。

（1）创建一个新的桌面流，在右侧单击图标①，单击【捕获图像】按钮②，选择【在 3 秒后捕获图像】，见图 5.30。

此时桌面流会出现一个对话框，见图 5.31。在此期间，最小化 Power Automate Desktop，返回 Windows 桌面。

图 5.30 启用捕获图像功能

图 5.31 等候 3 秒对话框

（2）等待时间结束后，鼠标指针处会变为瞄准放大镜，按住鼠标左键，拖动鼠标指针恰好覆盖整个 Word 快捷方式，见图 5.32。

（3）完成后，将出现【已成功捕获图像】对话框，并显示捕获的图像。在此处，用户可以对该图像进行重命名，见图 5.33。

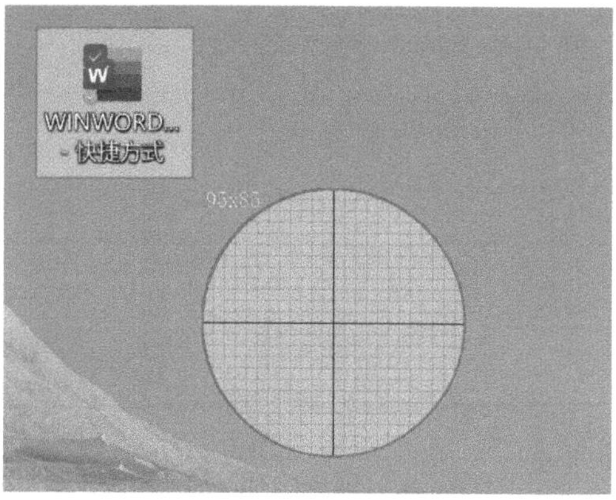

图 5.32 框选要执行的图像

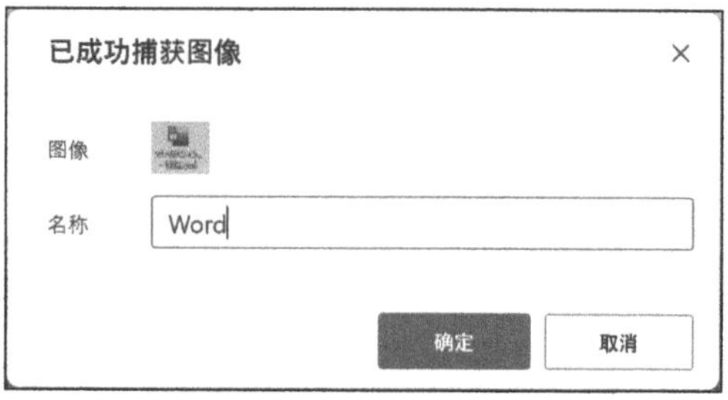

图 5.33 成功捕获图像并且进行重命名

（4）在操作中选择【将鼠标移至图像】，然后单击【选择图像】①，选择新捕捉的图像，启用【移动鼠标后发送单击】②，然后设置【单击类型】为【双击】③，单击【保存】按钮完成设置，见图 5.34。执行桌面流，等待直至鼠标指针自动双击 Word 快捷方式。

注意，图像捕捉是一种像素级别的捕捉技术，这种技术有一个缺点，一旦图标发生位移，其图像周边的像素也会有所变化，这可能导致操作无法确认图标，见图 5.35。因此，此技术不适用于图标位置经常发生变动的场景。

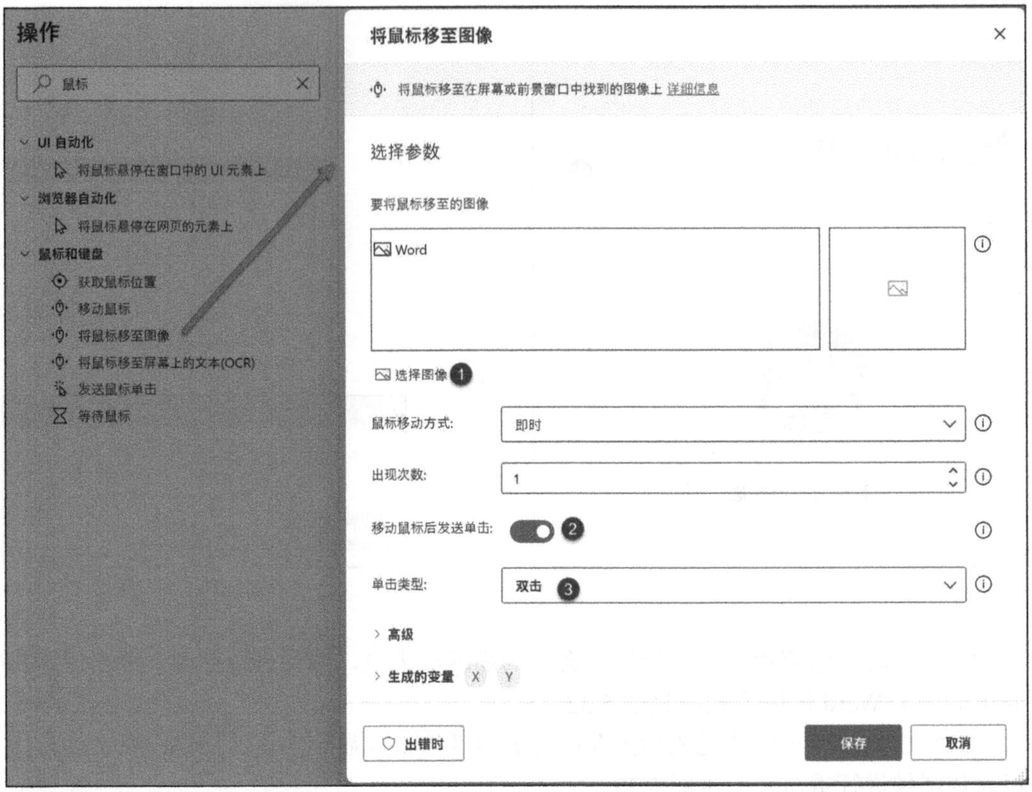

图 5.34 添加【将鼠标移至图像】操作

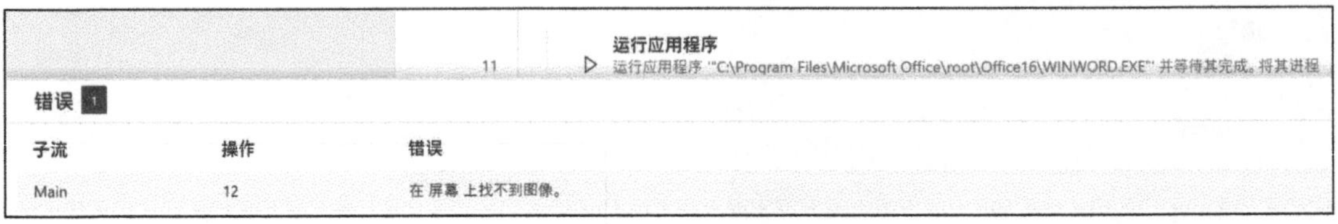

图 5.35 图像位移后所造成的问题

【本章小结】

本章主要介绍了 UI 元素的概念，以及捕捉 UI 元素的两种方式：录屏和添加 UI 元素。UI 元素可用于 Windows 桌面或者 Web 浏览器应用中的流程自动化。除此之外，本章还介绍了图像捕捉技术，可作为 UI 元素捕捉的补充。

第 6 章　UI 自动化与浏览器自动化操作

之所以将 UI 自动化与浏览器自动化的内容放在 UI 元素内容之后，是因为这些操作与 UI 元素之间有依存关系。用户掌握了 UI 元素基础知识之后，便可进一步学习 UI 自动化与浏览器自动化。UI 自动化与浏览器自动化有许多操作也非常类似，我们可以大致理解这些操作有三大类：Windows、数据提取与窗体填充。图 6.1 所示为两种操作菜单的对比。下面我们将学习其中的核心操作。

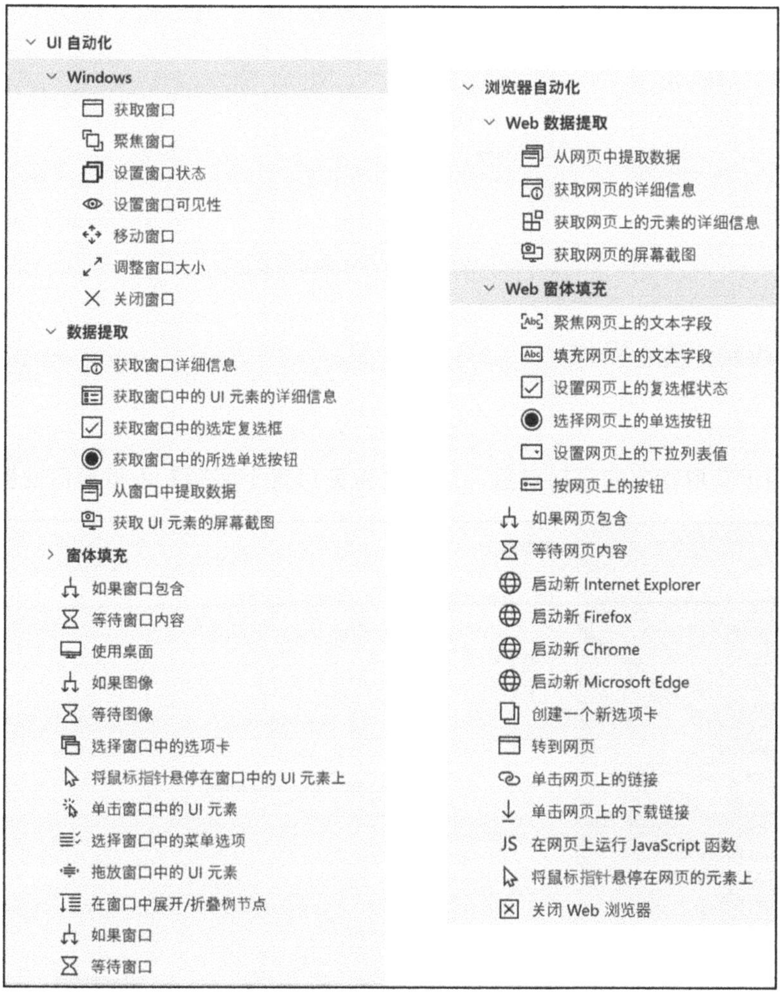

图 6.1　UI 自动化与浏览器自动化操作菜单对比

6.1　UI 自动化操作

为更加系统化地介绍 UI 自动化，本节将以微软提供的免费示例应用 Contoso Invoicing 为例演示相关操作，读者可在学习资料中或者直接上网搜索，找到安装文件并将其安装到本地，见图 6.2。

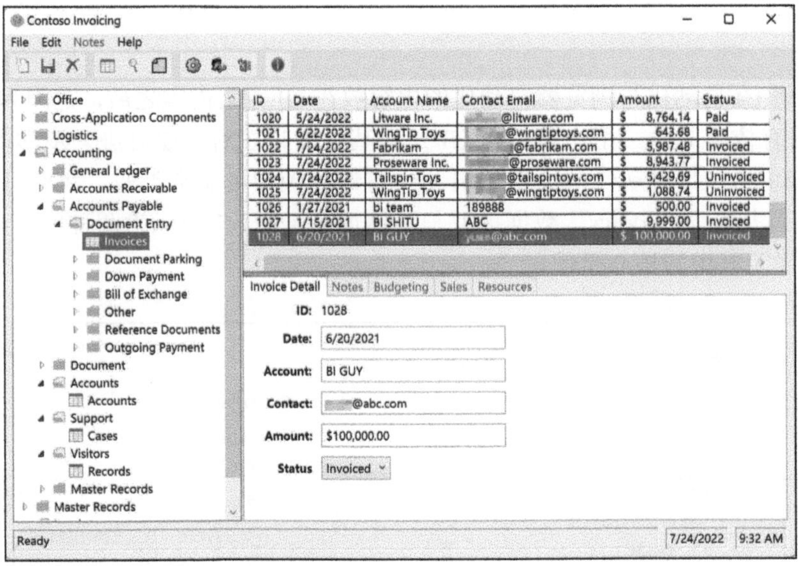

图 6.2　微软提供的免费示例应用 Contoso Invoicing

6.1.1　Windows 核心操作

1. 获取窗口

该操作用于获取指定的窗口对象，启用【将窗口置于前端】可将窗口前置，见图 6.3。

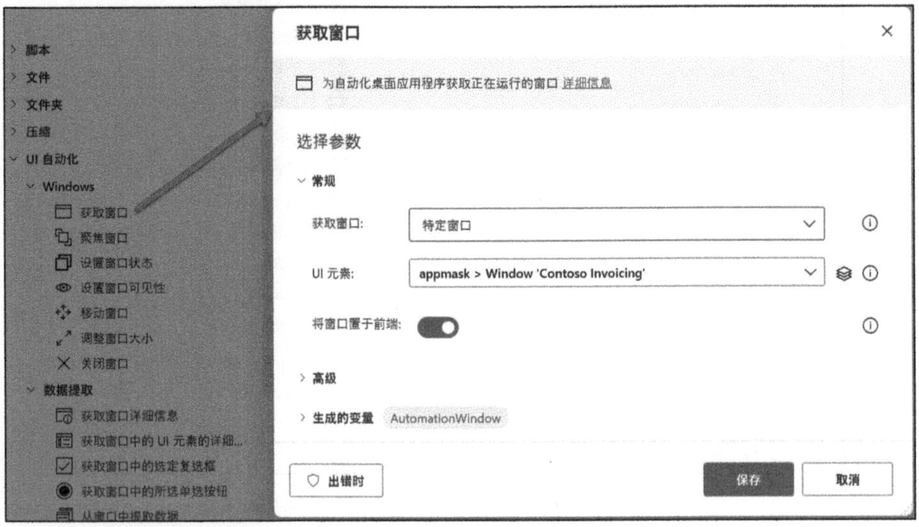

图 6.3　添加【获取窗口】操作

2. 聚焦窗口

该操作的功能与【获取窗口】功能类似，同样可将窗口前置，见图 6.4。

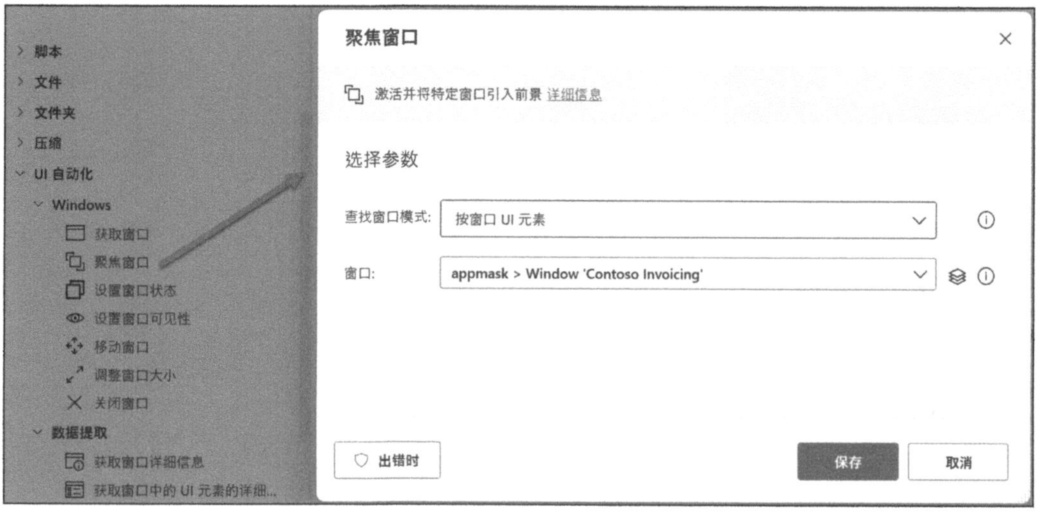

图 6.4　添加【聚焦窗口】操作

3. 单击窗口中的 UI 元素

该操作用于单击窗口中的有效 UI 元素，常用于单击 Windows 窗口中的按钮，见图 6.5。

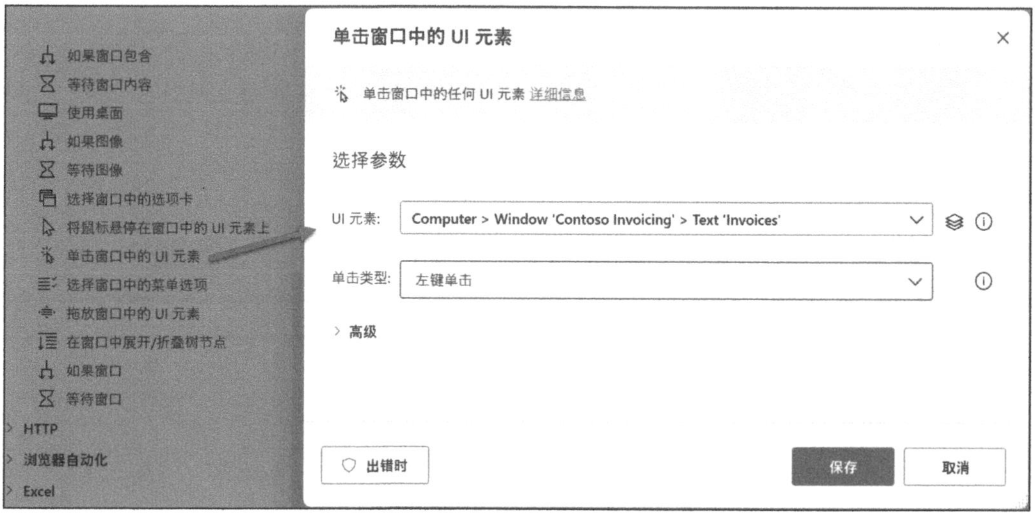

图 6.5　添加【单击窗口中的 UI 元素】操作

4. 移动窗口

该操作用于移动指定的 Windows 窗口至位置 X 与位置 Y，见图 6.6。

5. 设置窗口状态

该操作用于调节窗口的状态，如最大化、最小化等，见图 6.7。

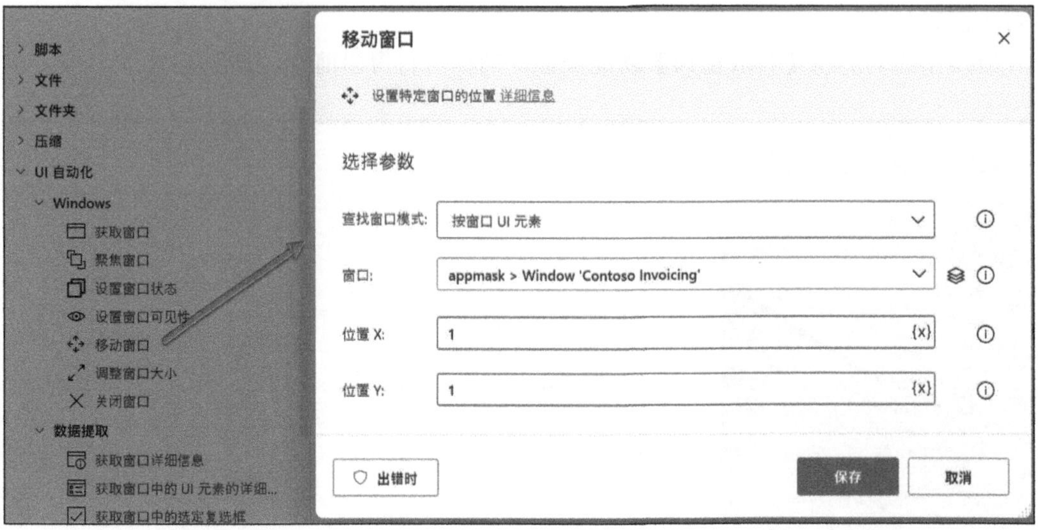

图 6.6　添加【移动窗口】操作

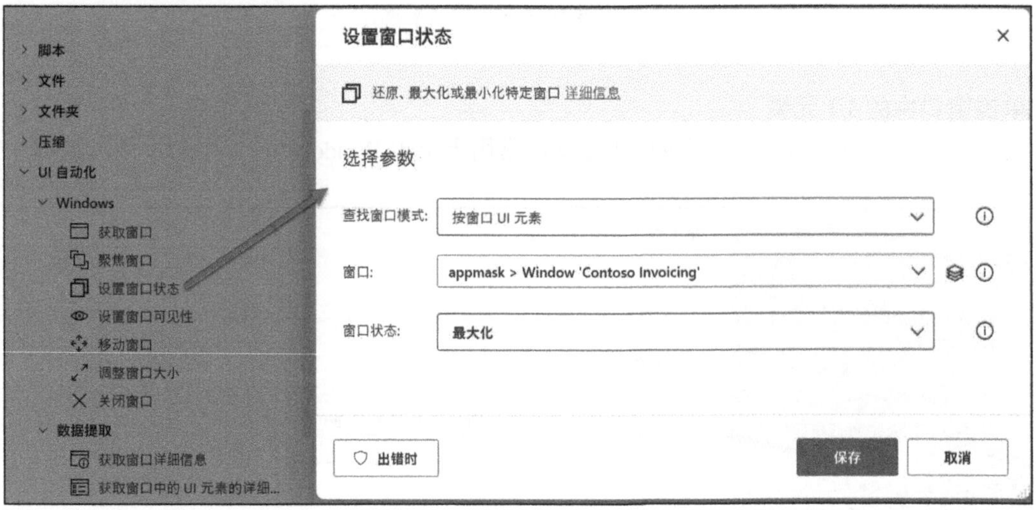

图 6.7　添加【设置窗口状态】操作

6. 设置窗口可见性

该操作用于设置指定窗口是否可见，隐藏并不代表将进程关闭，用户仍然可以在Windows进程中找到被隐藏的窗口对应的应用，见图 6.8。

7. 关闭窗口

该操作用于完全关闭指定窗口，终止进程，见图 6.9。

8. 按下窗口中的按钮

该操作用于按下指定窗口中的按钮，对象需要为按钮类型，见图 6.10。

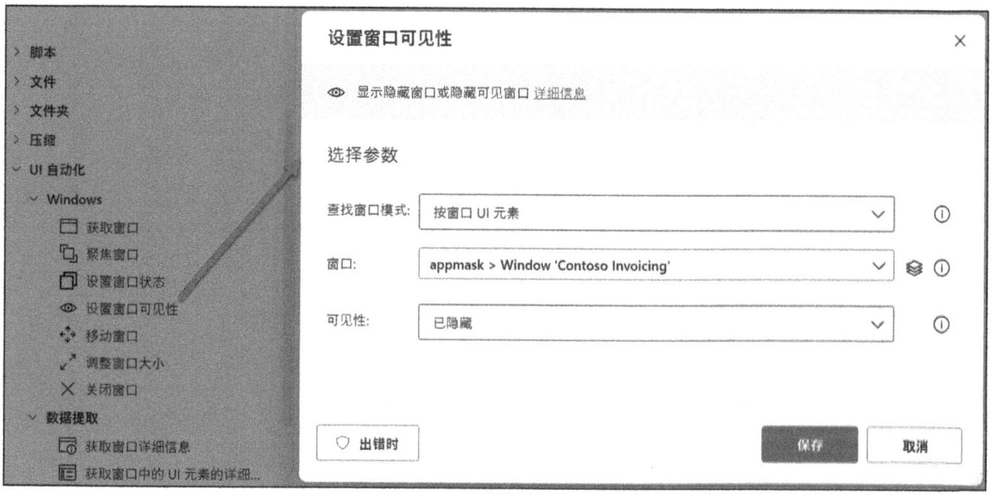

图 6.8　添加【设置窗口可见性】操作

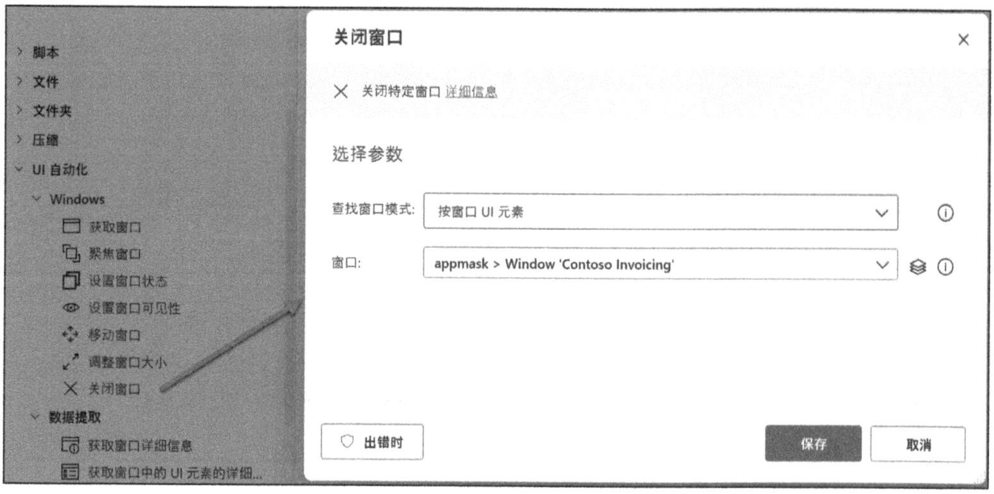

图 6.9　添加【关闭窗口】操作

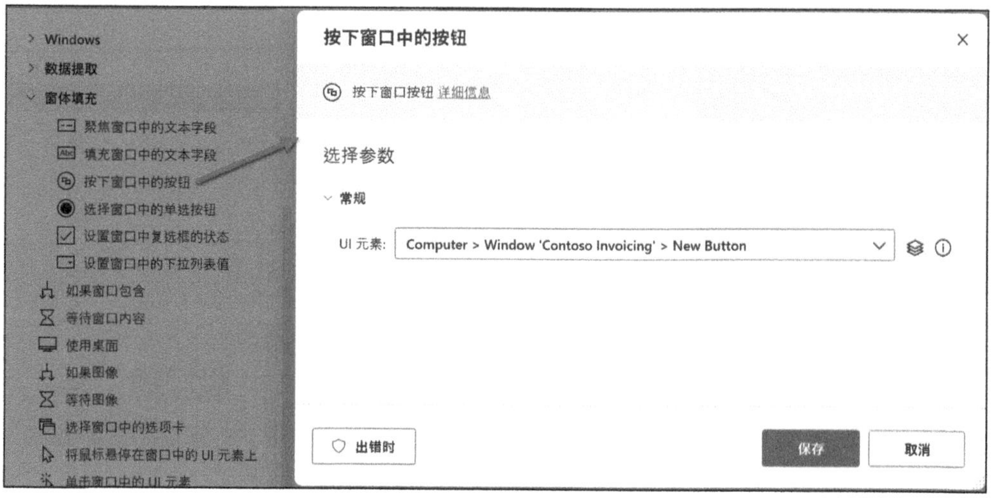

图 6.10　添加【按下窗口中的按钮】操作

6.1.2 窗体填充核心操作

1. 填充窗口中的文本字段

该操作用于填充网页中的文本框，见图 6.11。

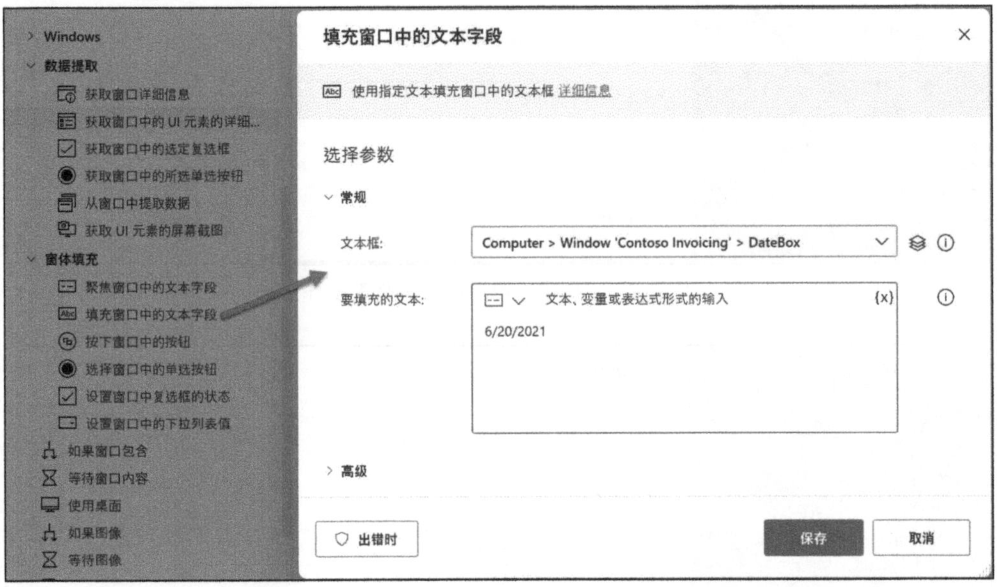

图 6.11 添加【填充窗口中的文本字段】操作

2. 设置窗口中的下拉列表值

该操作用于填充窗口中的文本字段，常用于填充下拉列表框，见图 6.12。

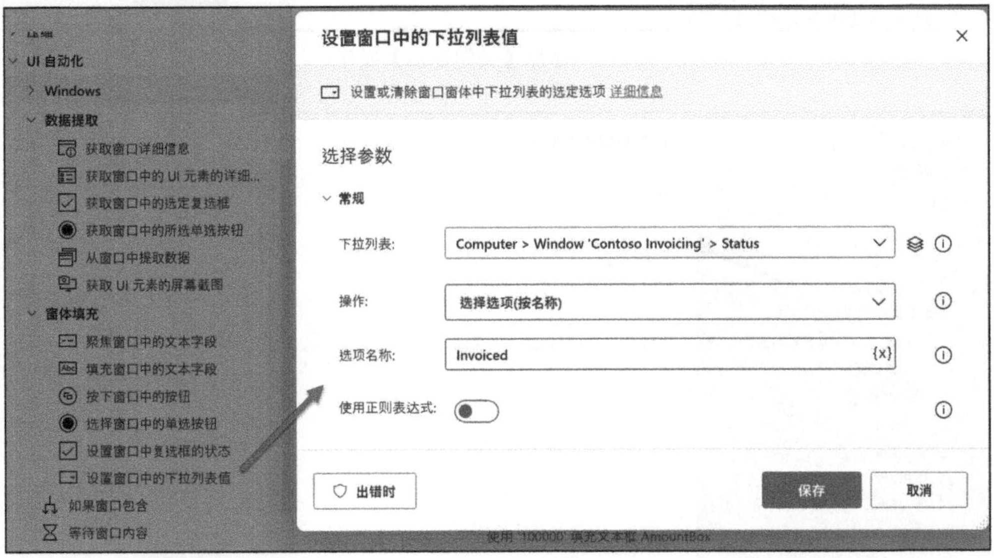

图 6.12 添加【设置窗口中的下拉列表值】操作

6.1.3　数据提取核心操作

1. 获取窗口中的 UI 元素的详细信息

该操作用于获取窗口中指定 UI 元素的详细信息，见图 6.13。例如，当在 Contoso Invoicing 中生成新 Invoice 记录时，用户可用此操作获取图 6.2 中的 ID。

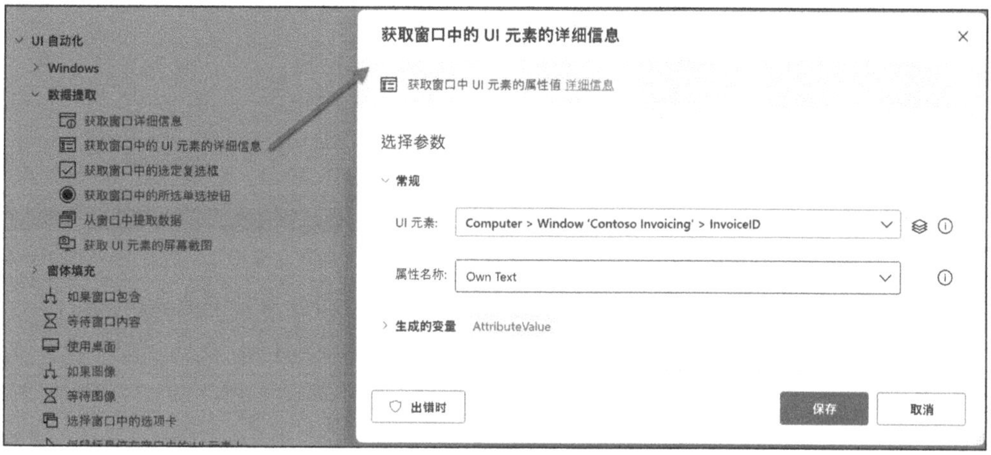

图 6.13　添加【获取窗口中的 UI 元素的详细信息】操作

2. 获取窗口详细信息

该操作用于获取窗口详细信息，用户可在【窗口属性】中设定要获取的详细信息，见图 6.14。

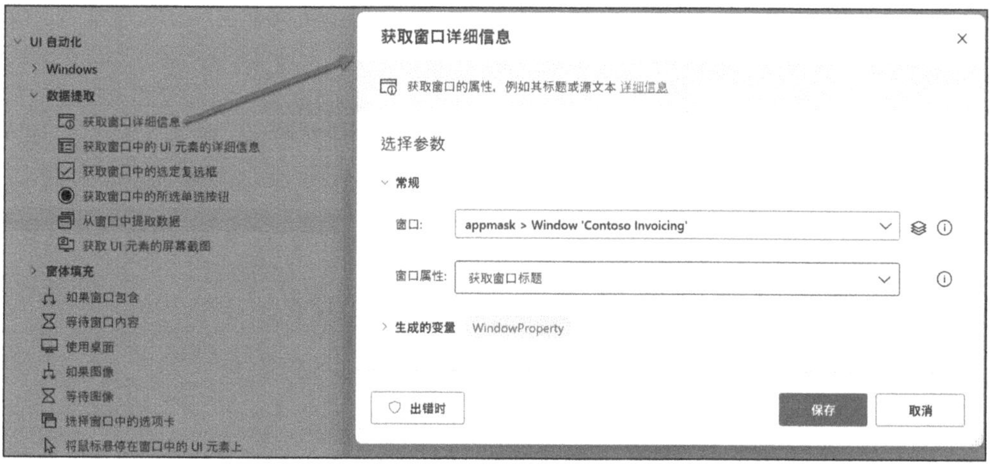

图 6.14　添加【获取窗口详细信息】操作

3. 从窗口中提取数据

该操作用于从窗口中提取一般性数据，用户可在【将所提取数据存储到】中设定存储方式为【Excel】或【变量】，见图 6.15。

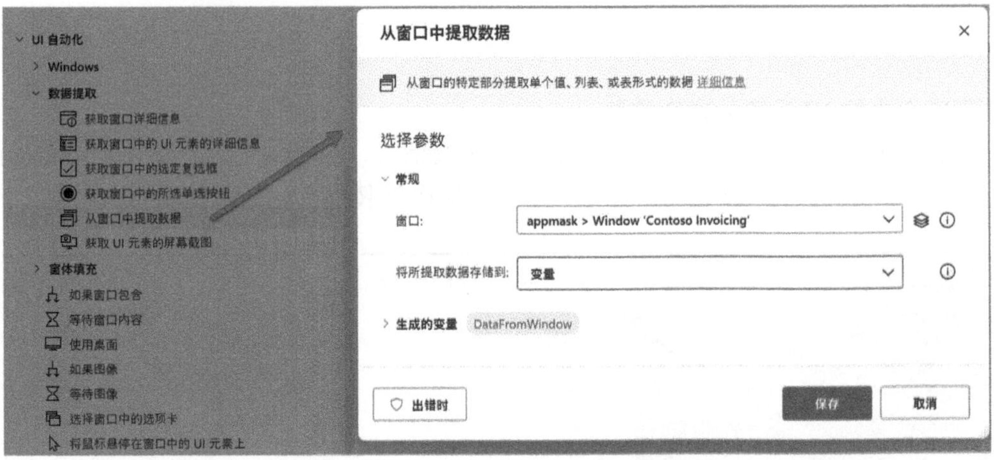

图 6.15　添加【从窗口中提取数据】操作

图 6.16 所示为从 Contoso Invoicing 主页提取的全部数据并将其生成变量。

图 6.16　从窗口提取的变量

6.2　浏览器自动化操作

如前文所述，浏览器自动化操作与 UI 自动化操作有相似之处，但二者不可混用。所有浏览器自动化操作只作用于 Web 浏览器。

6.2.1　浏览器自动化核心操作

因为浏览器自动化操作没有专门的二层分支名称，此处姑且引用父级名称。浏览器自动化操作主要用于 Web 窗体的控制。

1. 启动新 Microsoft Edge

该操作用于打开指定的网页统一资源定位符（Uniform Resource Locator，URL），【启动模式】分为【启动新示例】和【附加到正在运行的实例】两种，见图 6.17。

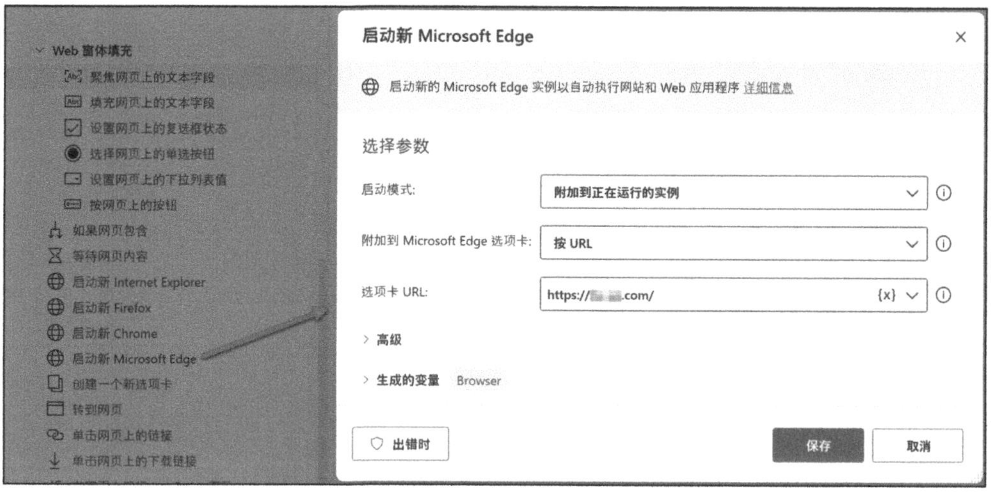

图 6.17 添加【启动新 Microsoft Edge】操作

2. 转到网页

该操作用于将运行页面调转到指定的目标 URL、前进、后退或重新加载网页，用户可设置【导航】，见图 6.18。值得注意的是，对含有 % 的 URL，用户需要用 % 转义字符，并在 % 前额外加一个 %，见表 6.1，否则会出现错误提示。

表 6.1 不采用和采用转义字符的 URL 对比

原 URL	https://××.××.com/course/list/POWER%20BI
转义 URL	https://××.××.com/course/list/POWER%%20BI

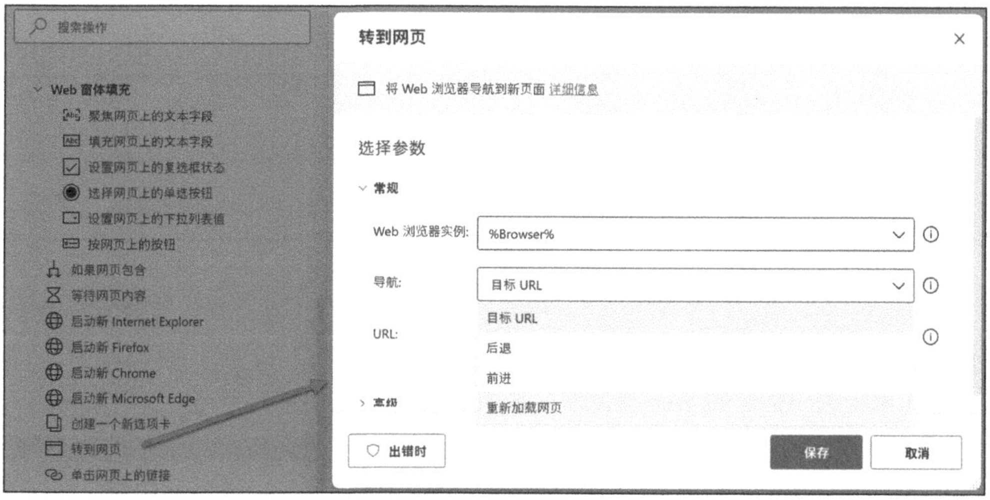

图 6.18 添加【转到网页】操作

3. 创建一个新选项卡

该操作用于为指定浏览器添加新页面，见图 6.19。

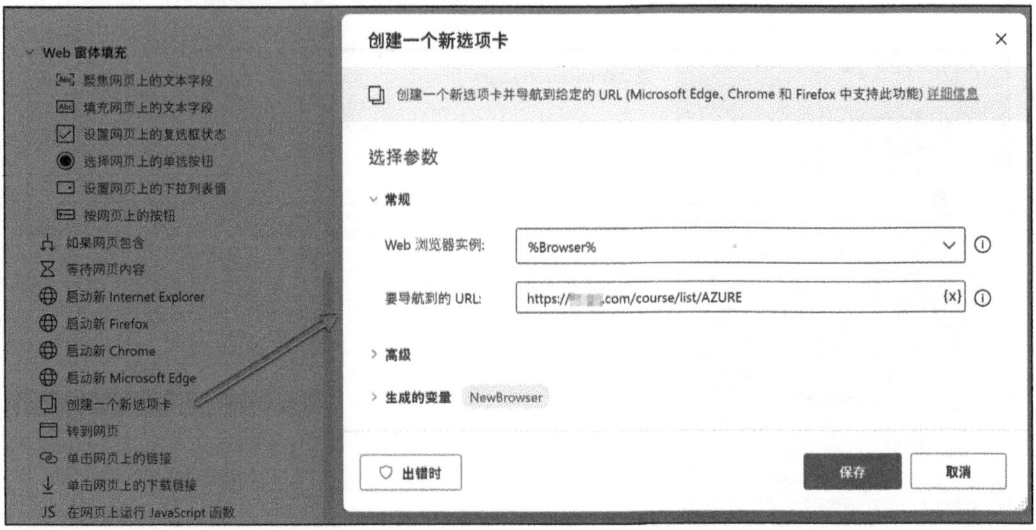

图 6.19 添加【创建一个新选项卡】操作

4. 如果网页包含

该操作用于判断指定网页中是否包含特定 UI 元素或者文本，见图 6.20。

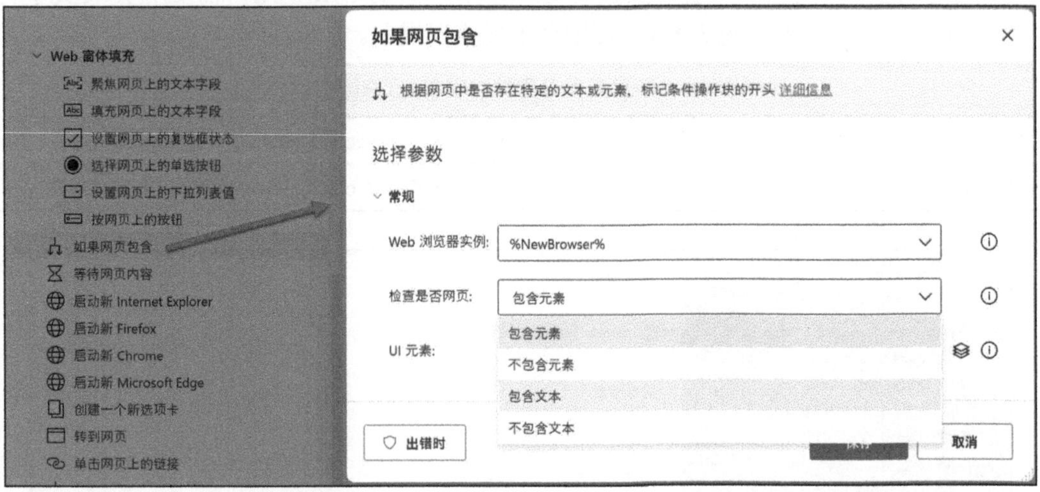

图 6.20 添加【如果网页包含】操作

5. 关闭 Web 浏览器

该操作用于关闭指定的 Web 浏览器，见图 6.21。

图 6.21 添加【关闭 Web 浏览器】操作

6.2.2 Web 窗体填充核心操作

1. 填充网页上的文本字段

该操作用于填充网页上的文本字段，常用于填充文本框，见图 6.22。

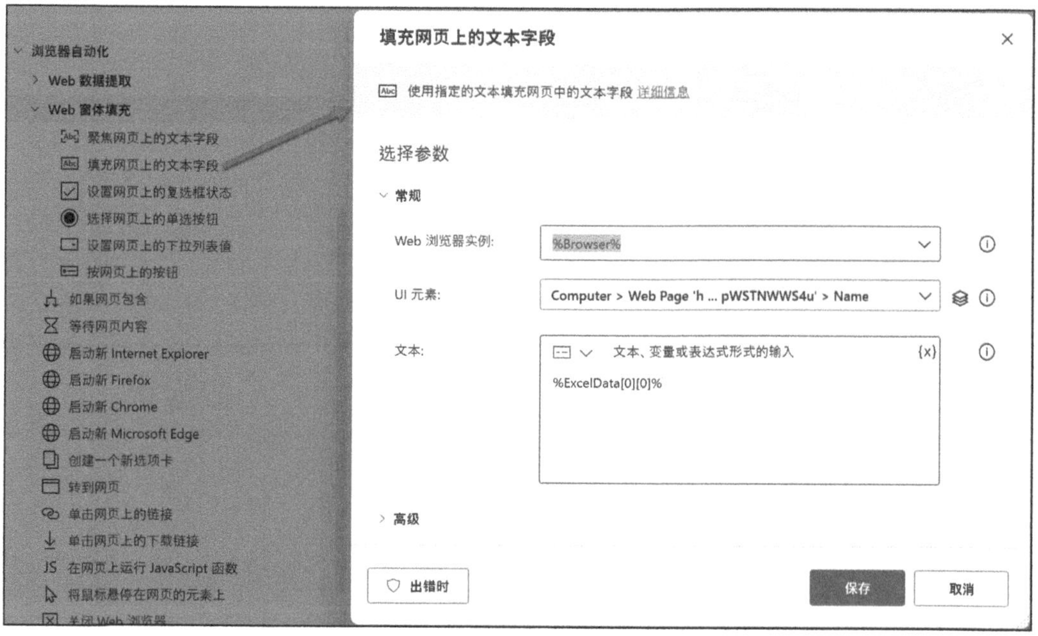

图 6.22 添加【填充网页上的文本字段】操作

2. 选择网页上的单选按钮

该操作用于选择网页上的单选按钮，见图 6.23。

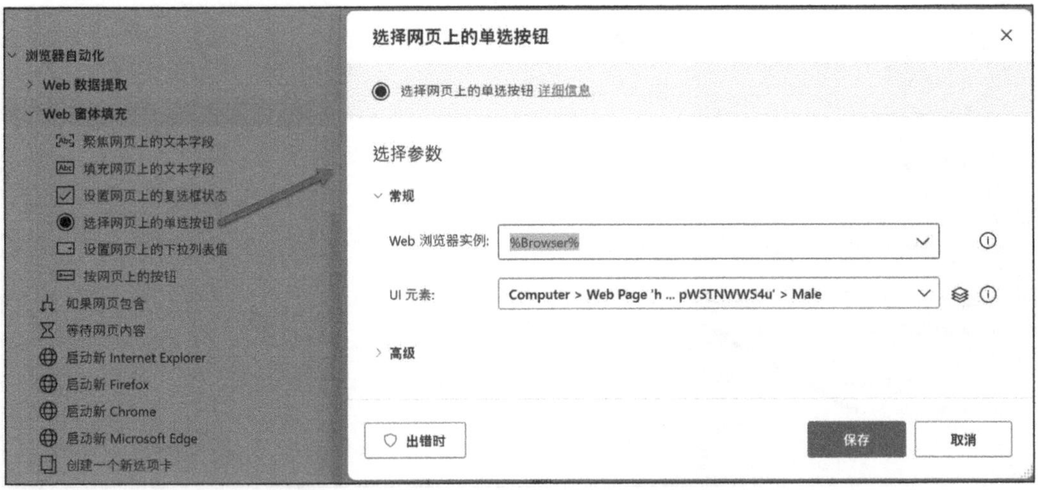

图 6.23　添加【选择网页上的单选按钮】操作

3. 设置网页上的复选框状态

该操作用于设置网页上的复选框状态，【复选框状态】可为【未选中】或【已选中】，见图 6.24。

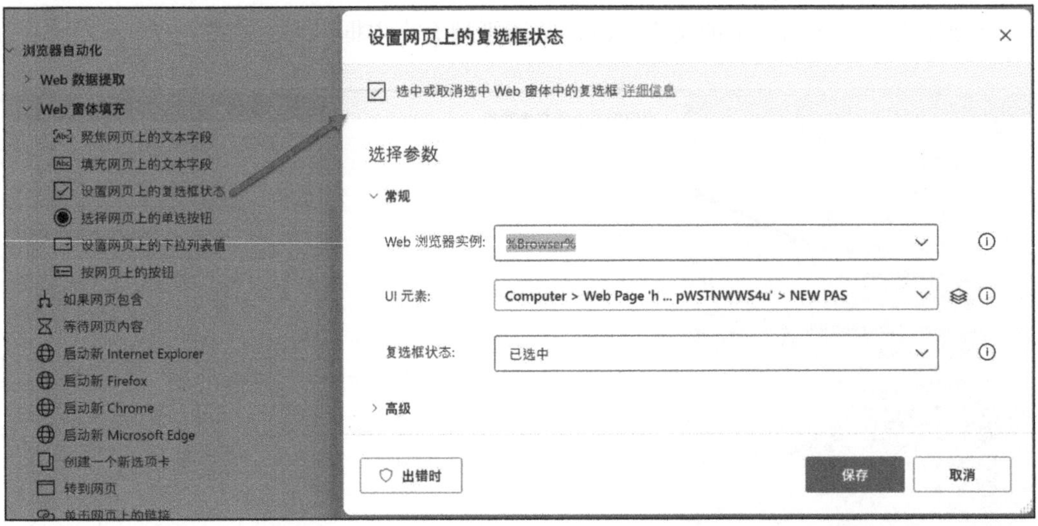

图 6.24　添加【设置网页上的复选框状态】操作

4. 设置网页上的下拉列表值

该操作用于填充网页上的下拉列表，常用于填充下拉列表框，见图 6.25。值得一提的是，部分网页类型不支持下拉列表框应用，如 Microsoft Forms 应用直至写作之时（2022 年 8 月）仍不支持该操作。

5. 按网页上的按钮

该操作用于按网页上的按钮，效果与单击按钮一致，见图 6.26。

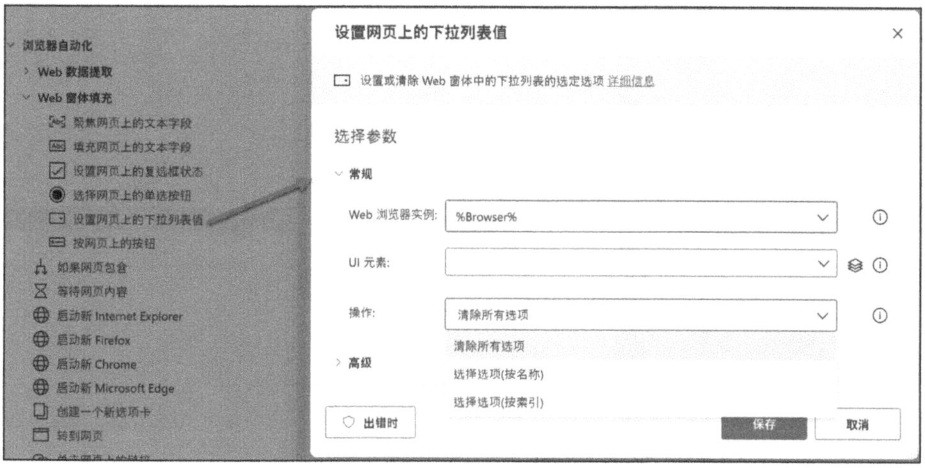

图 6.25 添加【设置网页上的下拉列表值】操作

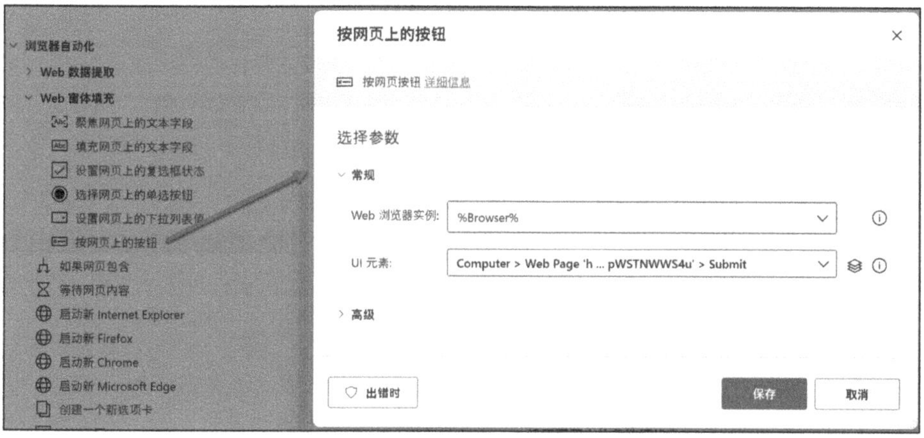

图 6.26 添加【按网页上的按钮】操作

6.2.3 Web 数据提取核心操作

1. 获取网页上的元素的详细信息

该操作用于获取网页上的元素的详细信息，例如指定 UI 元素中的标题、URL 链接、属性状态等，见图 6.27。

2. 获取网页的详细信息

该操作用于获取网页的详细信息，例如网页说明、URL 地址、网页 meta 关键字等，见图 6.28。

3. 从网页中提取数据

该操作用于通过一系列用户定义规则从网页中提取数据，具有一定的人工智能（Artificial Intelligence，AI）功能，见图 6.29。

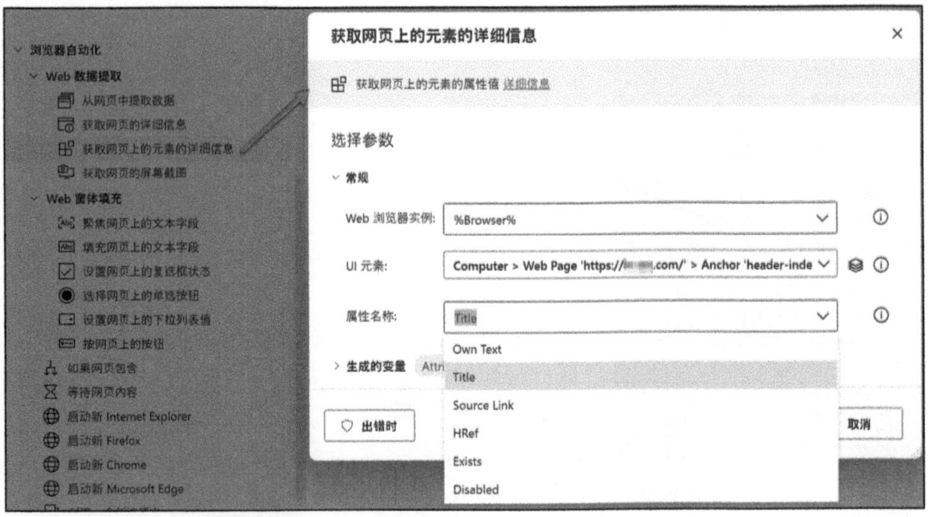

图 6.27 添加【获取网页上的元素的详细信息】操作

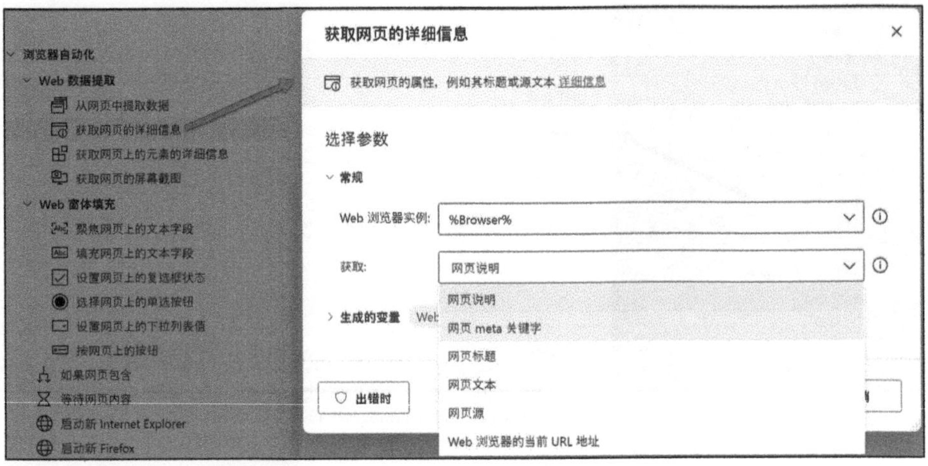

图 6.28 添加【获取网页的详细信息】操作

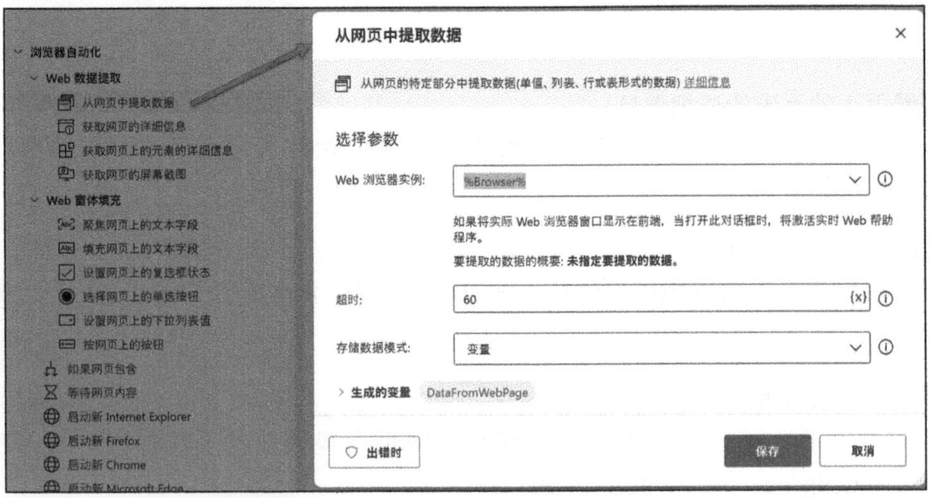

图 6.29 添加【从网页中提取数据】操作

从网页中提取数据是 Web 数据提取中最强大且最复杂的操作之一。为了让读者更全面地理解该操作，我们以图 6.30 所示的网页作为演示示例，演示的目的是批量捕捉网页端的课程关键信息，并且以表格形式将其存储或导出。

图 6.30 腾讯课堂的 Power BI 搜索页面

（1）保持图 6.29 中的对话框为活动状态，跳转至如图 6.30 所示的页面中，等待片刻，直至捕捉 UI 元素的红框出现，选中要捕捉的课程对象，在快捷菜单中选中要提取的具体元素值，例如文本、标题、Href（链接）等，见图 6.31。

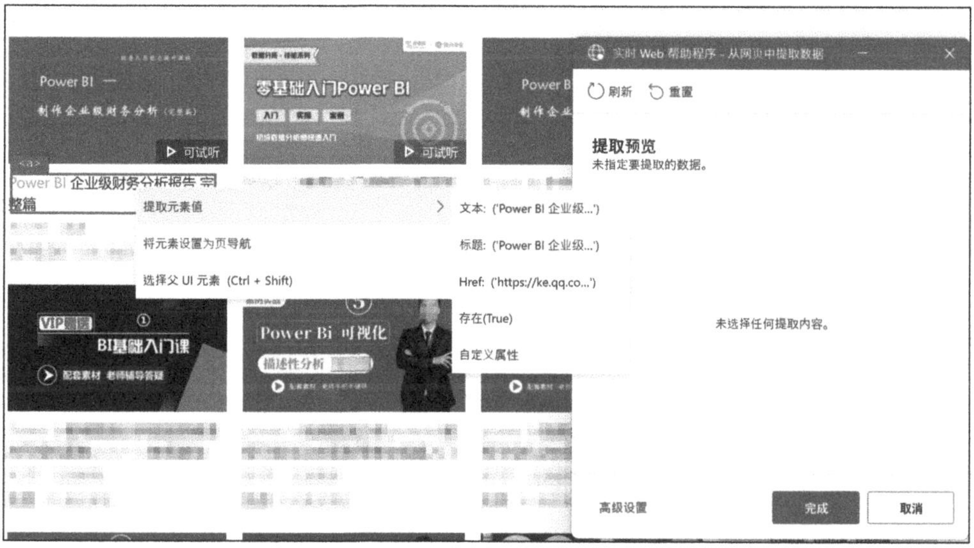

图 6.31 提取目标元素值

（2）本示例一共提取了目标课程的 4 个元素值（课程名称、价格、出版方、课程链接），弹出对话框的同时也提示了提取的元素值①，选择第 2 个课程重复之前的提取操作②，见图 6.32。注意，第 2 次提取的 UI 元素值与顺序必须与第 1 次的完全一致。

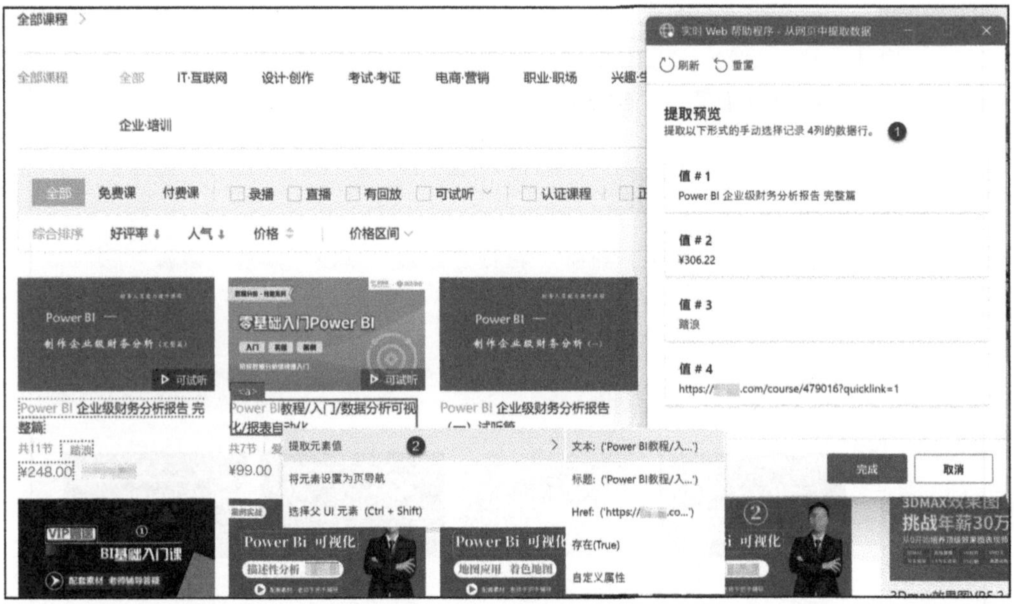

图 6.32　提取第 2 个课程目标元素值

（3）一旦第 2 次提取操作开始，AI 将按相同方式智能提取所有余下课程的元素值，并显示在对话框中等待验证，见图 6.33。

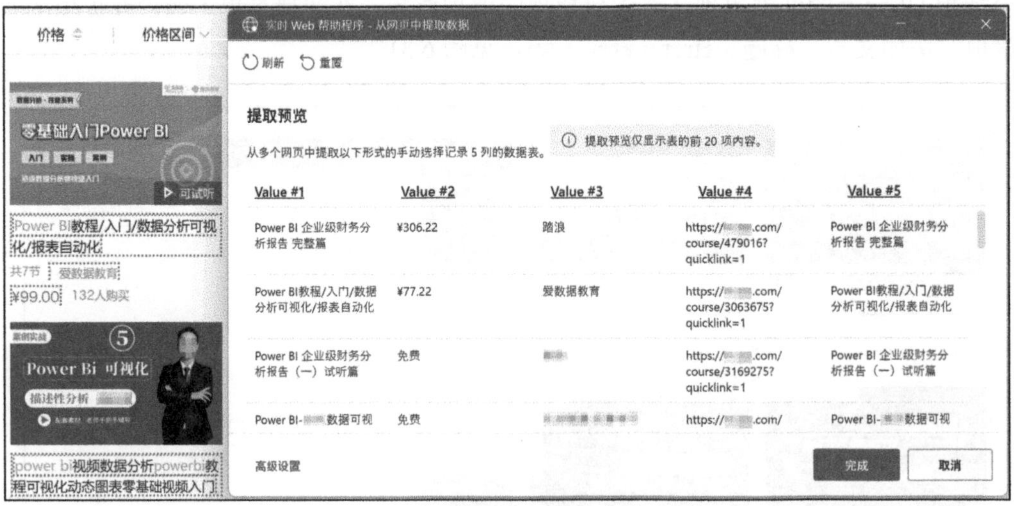

图 6.33　Power Automate Desktop 智能提示要提取的余下内容

（4）如果课程存在多页面情况，我们则右击页面超链接，选择【将元素设置为页导航】，确保抓取多个页面的内容，见图 6.34。

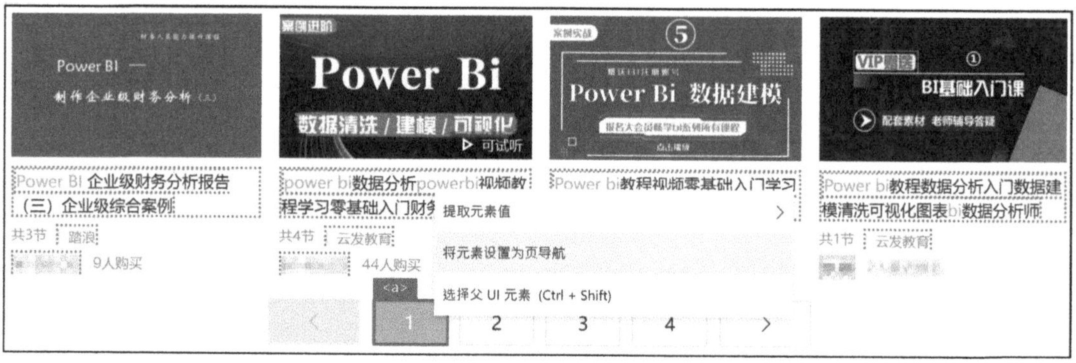

图 6.34 选择【将元素设置为页导航】

（5）单击图 6.33 中的【完成】按钮，返回到【从网页中提取数据】对话框，在此用户可进一步调整【从以下位置提取数据】和【存储数据模式】等，见图 6.35。

图 6.35 进行细化调整

（6）执行桌面流，观察从网页端提取的数据结果，见图 6.36。至此，我们便完成批量从网页端提取数据并转换为结构化数据输出的演示。

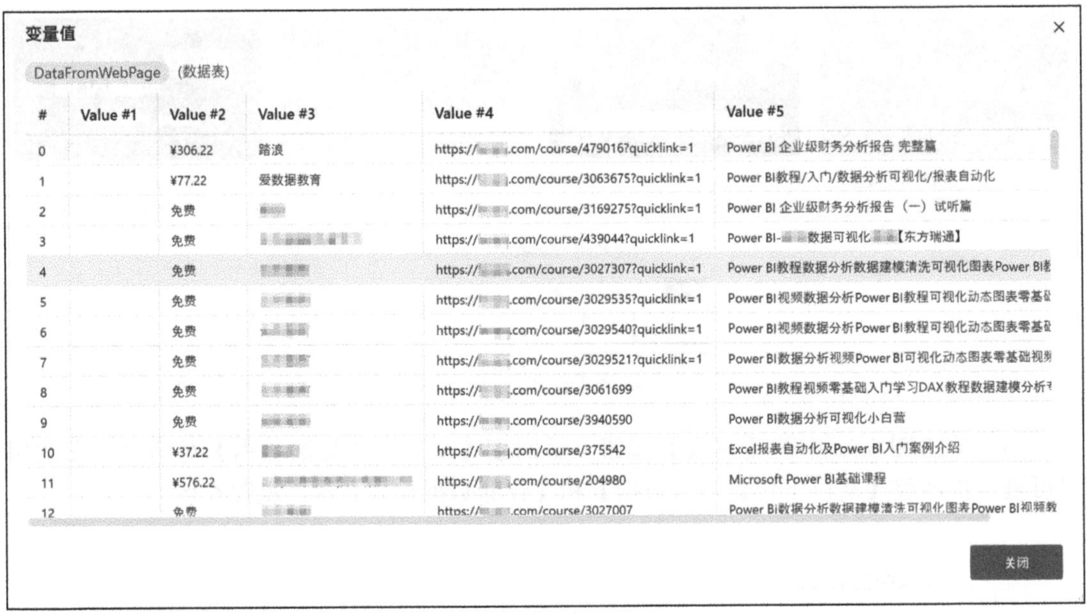

#	Value #1	Value #2	Value #3	Value #4	Value #5
0		¥306.22	踏浪	https://[illegible].com/course/479016?quicklink=1	Power BI 企业级财务分析报告 完整篇
1		¥77.22	爱数据教育	https://[illegible].com/course/3063675?quicklink=1	Power BI教程/入门/数据分析可视化/报表自动化
2		免费	[illegible]	https://[illegible].com/course/3169275?quicklink=1	Power BI 企业级财务分析报告（一）试听篇
3		免费	[illegible]	https://[illegible].com/course/439044?quicklink=1	Power BI-[illegible]数据可视化[illegible]【东方瑞通】
4		免费	[illegible]	https://[illegible].com/course/3027307?quicklink=1	Power BI教程数据分析数据建模清洗可视化图表Power BI教
5		免费	[illegible]	https://[illegible].com/course/3029535?quicklink=1	Power BI视频数据分析Power BI教程可视化动态图表零基础
6		免费	[illegible]	https://[illegible].com/course/3029540?quicklink=1	Power BI视频数据分析Power BI教程可视化动态图表零基础
7		免费	[illegible]	https://[illegible].com/course/3029521?quicklink=1	Power BI数据分析视频Power BI可视化动态图表零基础视频
8		免费	[illegible]	https://[illegible].com/course/3061699	Power BI教程视频零基础入门学习DAX教程数据建模分析
9		免费	[illegible]	https://[illegible].com/course/3940590	Power BI数据分析可视化小白营
10		¥37.22	[illegible]	https://[illegible].com/course/375542	Excel报表自动化及Power BI入门案例介绍
11		¥576.22	[illegible]	https://[illegible].com/course/204980	Microsoft Power BI基础课程
12		免费	[illegible]	https://[illegible].com/course/3027007	Power BI数据分析数据建模清洗可视化图表Power BI视频教

图 6.36 最终提取出的数据结果

【本章小结】

本章内容更加体系化，介绍了 UI 自动化操作与浏览器自动化操作的知识体系，二者之间有许多类似之处，只是作用对象不同而已。从功能分类角度，操作大致可以分为 Windows、数据提取与窗体填充三大类。本章还特别演示了从网页中提取数据的操作，该操作带有 AI 属性，是非常强大的网络爬虫工具。

第 7 章　分享与计划运行桌面流

本章将演示分享与计划运行桌面流的各种设置，包括分享桌面流、设置解决方案、安装与设置数据网关、安装与设置计算机运行时、计划运行桌面流和监视桌面流历史（本章涉及的大部分功能需要开启高级许可权限）。

7.1　分享桌面流

用户可将创建的桌面流与他人分享，分享者可在 Power Automate 云门户菜单栏单击【我的流】，再单击指定的流旁的图标与组织内其他用户分享，见图 7.1。

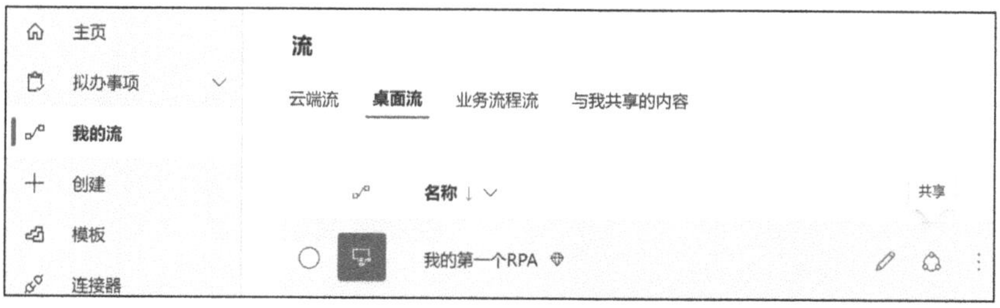

图 7.1　【我的流】中的桌面流分享功能

分享权限有两种，分别是“用户”和“共有者”，用户只能使用流，但不能更改流，共有者拥有所有编辑权限，可将流分享给更多的人，见图 7.2。

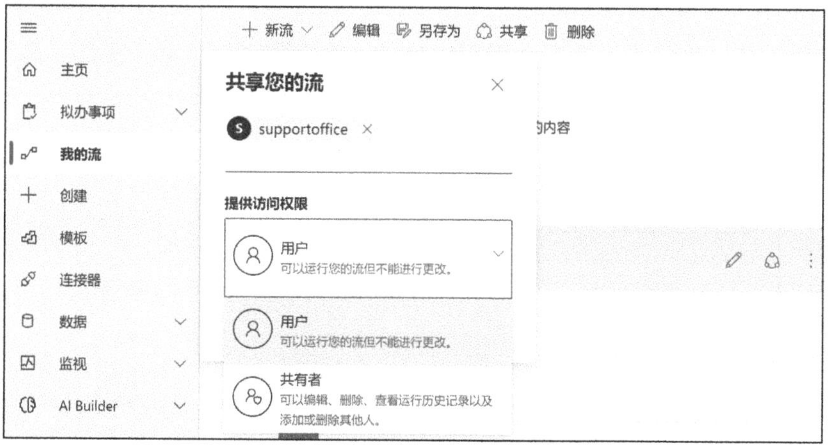

图 7.2　选择分享权限

在被分享者界面中，可观察不同权限的流的区别，【访问】列显示了被赋予的权限的详情，见图 7.3。

图 7.3　被分享者的权限

单击图 7.3 中的✎图标，将弹出【Power Automate 桌面版】，供分享用户直接编辑桌面流，见图 7.4。

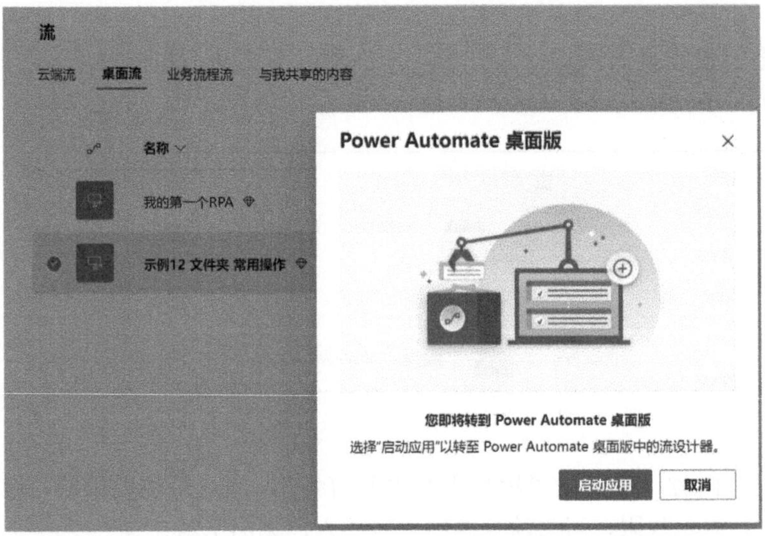

图 7.4　【Power Automate 桌面版】

值得一提的是，桌面流只能在同组织中分享，不能跨组织分享，见图 7.5。

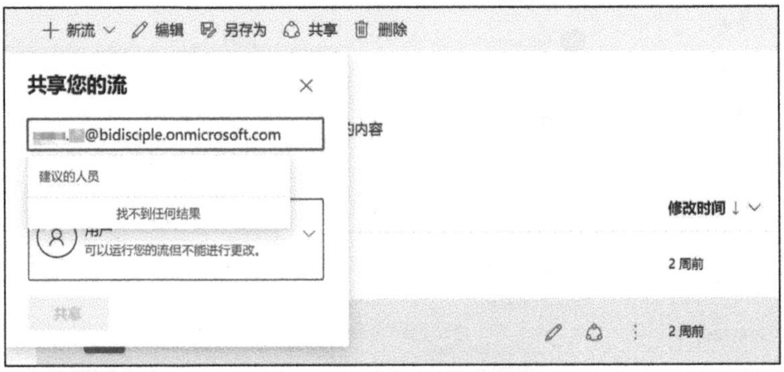

图 7.5　不能跨组织分享

7.2 设置解决方案

如果要实现跨组织分享流，则需要使用解决方案。简单而言，解决方案相当于文件夹，用户可以将流放入其中，并以 ZIP 文件包导出环境，再让对方将 ZIP 文件包导入新组织的环境。本节将演示如何创建解决方案、添加流、导出解决方案和导入解决方案。

1. 创建解决方案

（1）在Power Automate云门户菜单栏单击【解决方案】①，然后单击【新解决方案】②，见图 7.6。

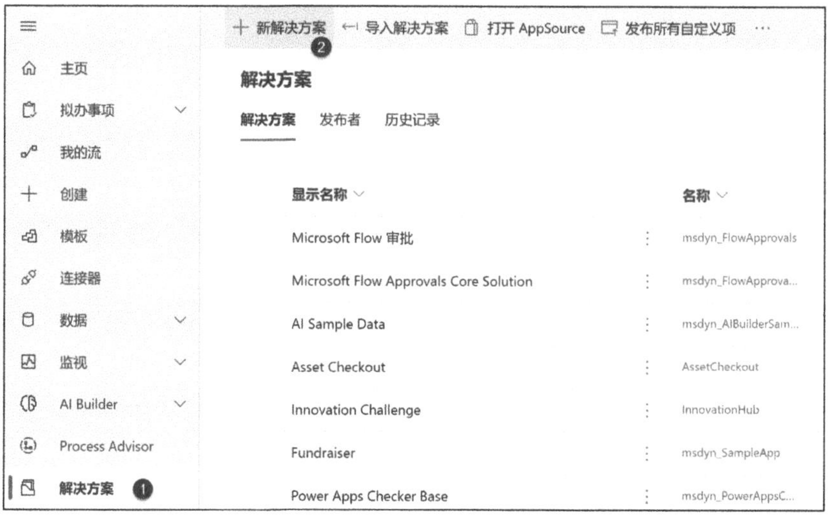

图 7.6 创建解决方案

（2）在左侧菜单栏中填写【显示名称】，其他选项均保持默认设置即可，单击【创建】按钮，见图 7.7。

（3）完成后观察新生成的解决方案，见图 7.8。

2. 添加流

（1）单击图 7.8 中的解决方案名称，进入方案，选择【添加现有】-【自动化】-【桌面流】选项，见图 7.9。

（2）勾选将要导出的桌面流，单击【添加】按钮，见图 7.10。

注意，用户可在图 7.9 中使用【新建】功能直接创建新的桌面流，新创建的桌面流不会显示在【我的流】中，而只存在于解决方案中。

图 7.7 填写【显示名称】并单击【创建】按钮

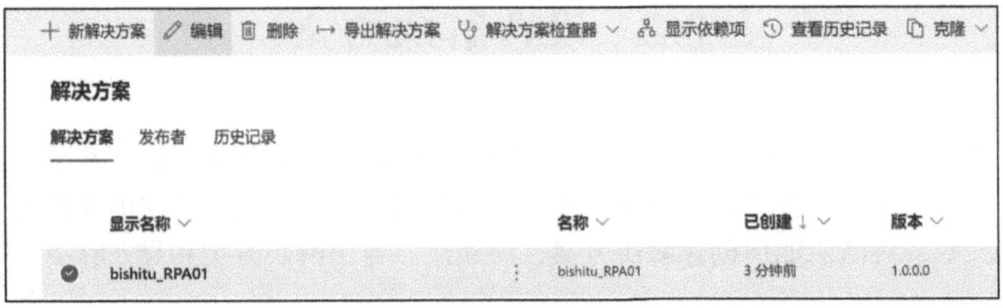

图 7.8 创建的解决方案

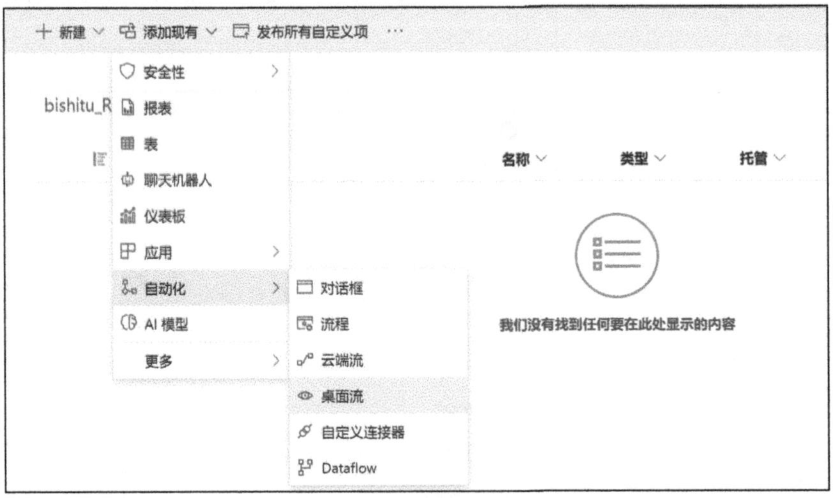

图 7.9 为解决方案添加现有的桌面流

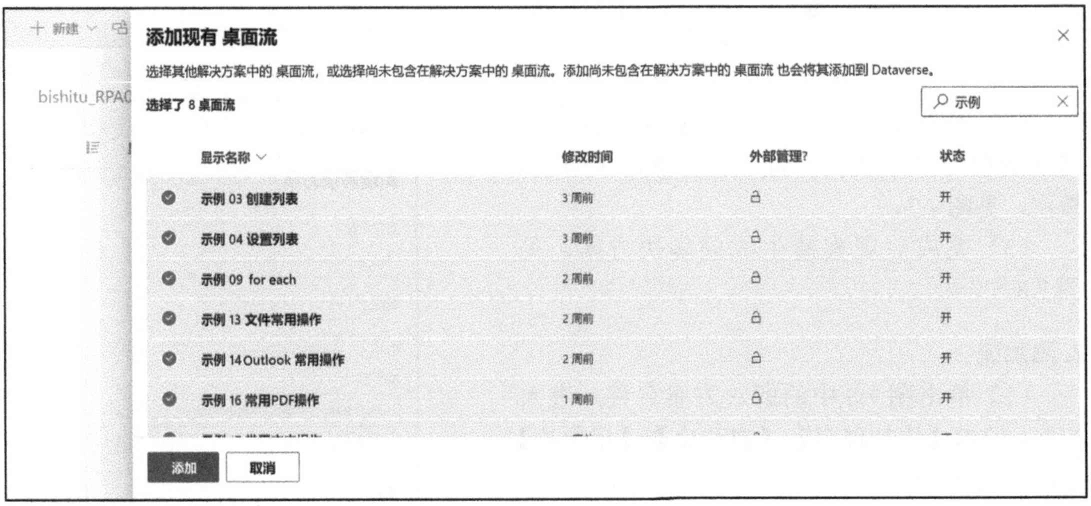

图 7.10 选择需要添加的桌面流

3. 导出解决方案

（1）添加完流后，单击图标①，返回解决方案主界面，见图 7.11。

（2）勾选对应的解决方案①，单击【导出解决方案】②，见图 7.12。

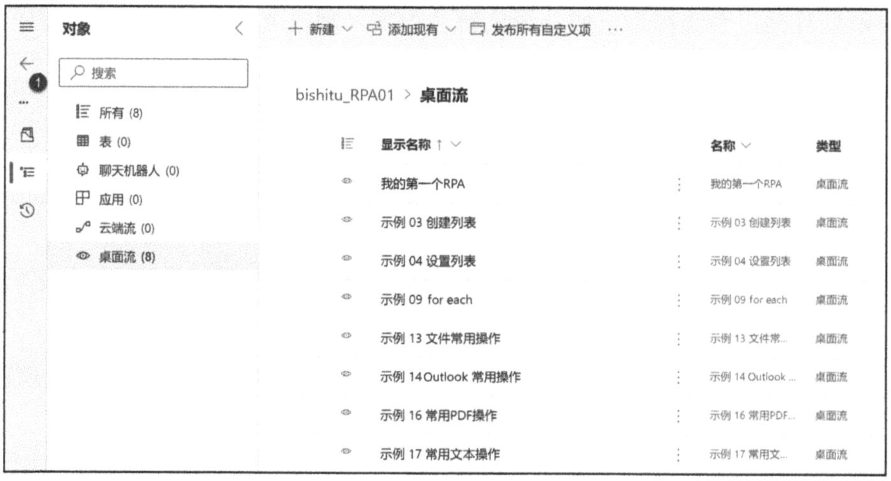

图 7.11　返回解决方案主界面

图 7.12　单击【导出解决方案】

（3）左侧菜单栏将提示【发布】和【运行】选项，它们均为可选项，此处直接单击【下一页】，见图 7.13。

（4）单击【非托管】单选按钮，单击【导出】按钮，见图 7.14。如果需要禁止对方编辑导出的解决方案，则单击【托管 (推荐)】单选按钮。

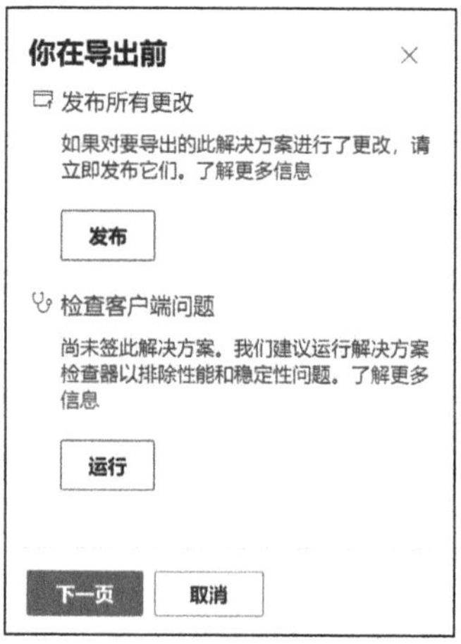

图 7.13　单击【下一页】

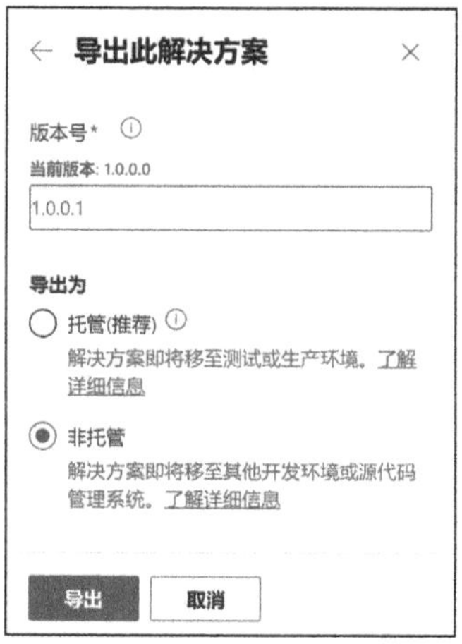

图 7.14　选择以非托管形式导出解决方案

（5）稍等片刻，系统提示已成功导出解决方案，单击【下载】按钮下载 ZIP 文件包，见图 7.15。

图 7.15 系统提示已成功导出解决方案

4. 导入解决方案

（1）被分享者在新环境中单击【导入解决方案】按钮①，再单击【浏览】按钮，选择之前的 ZIP 文件包②，单击【下一页】按钮③，见图 7.16。

图 7.16 导入解决方案

（2）系统提示当前正在导入解决方案，见图 7.17。

图 7.17 系统提示当前正在导入解决方案

7.3 安装与设置数据网关

为什么要安装数据网关（data gateway，简称网关）？网关提供本地数据（非云端数据）与几种微软云服务之间快速、安全的数据传输。这些云服务包括 Power BI、Power Apps、

Power Automate、Azure Analysis Services 和 Azure 逻辑应用。通过使用网关，组织可以将数据库和其他数据源保留在其本地网络上，还可以在云服务中安全地使用该本地数据。桌面流是基于本地数据的应用，因此当用户想通过云端流计划刷新桌面流时，则需要考虑安装和使用网关。网关有两种不同的类型，各自适用于不同的方案。

- **本地网关：**允许多个用户连接到多个本地数据源。只需要安装单个网关，便可以将本地网关与所有支持的服务结合使用。此网关非常适用于多个用户访问多个数据源的复杂场景。
- **本地网关（个人模式）：**允许一个用户连接到源，且无法与其他人共享。本地网关（个人模式）只能与 Power BI 一起使用。此网关非常适用于用户是创建报表的唯一人员且不需要与其他人共享数据源的场景。

本示例将使用本地网关，以演示 3 个相关操作：在本地计算机上下载并安装网关、共享与删除网关。

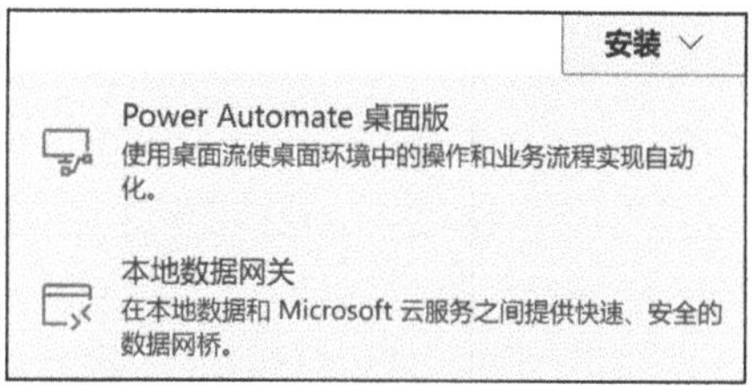

图 7.18 单击【安装】并选择【本地数据网关】

1. 在本地计算机上下载并安装网关

（1）在 Power Automate 云门户主页上单击【安装】-【本地数据网关】选项，见图 7.18。

（2）双击下载文件并单击【安装】按钮，见图 7.19。

图 7.19 安装网关

（3）输入对应的注册电子邮件地址，单击【登录】按钮，见图 7.20。

（4）设置【新 on-premises data gateway 名称】【恢复密钥 (至少 8 个字符)】和【确认恢复密钥】，单击【配置】按钮，见图 7.21。

图 7.20　输入电子邮件地址

图 7.21　配置网关

（5）配置完成后，网关将处于在线状态，见图 7.22。

图 7.22 安装成功并激活网关

2. 共享网关

（1）安装完成后返回 Power Automate 云门户主页，在【网关】下查看安装的网关，见图 7.23。

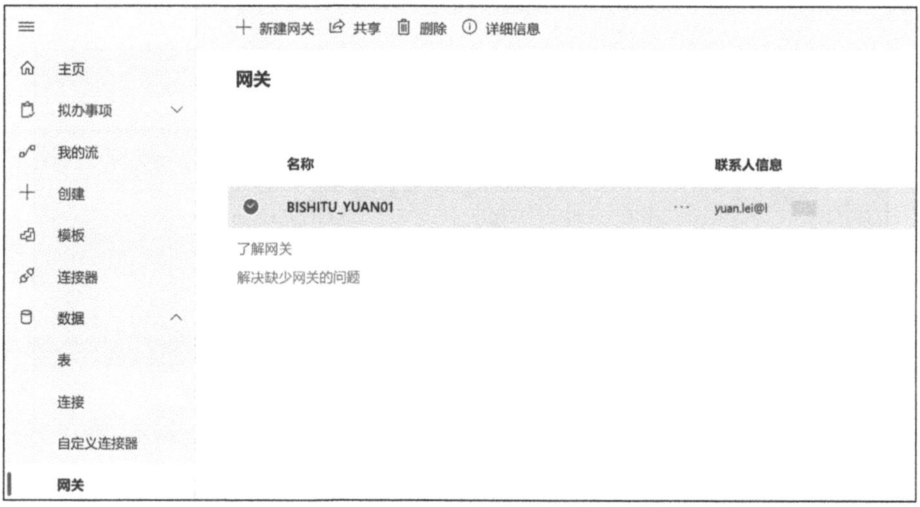

图 7.23 查看安装的网关

（2）选中网关，单击上方的【共享】按钮，可将网关与他人共享，并设置具体的共享权限，见图 7.24。单击【保存】按钮完成共享设置。

图 7.24　共享网关

3. 删除网关

（1）选择网关，单击【删除】按钮，可将网关删除，见图 7.25。如删除提示对话框所显示，如果删除此网关，所有相关连接都将断开，必须创建新网关才能重新连接。

图 7.25　删除网关

（2）删除网关后，再次开启网关应用，需要重新配置网关，见图 7.26。

图 7.26 删除后需要重新配置网关

7.4 安装与设置计算机运行时

计算机运行时听起来非常拗口，其英文全称为 machine runtime。其作用为将本机桌面流与云端服务进行直接连接，类似于网关的作用，但计算机运行时的优势在于它无须二次安装与配置，使用起来更加简便，而且计算机运行时也可以与他人分享。值得一提的是，在首次安装 Power Automate Desktop 时，系统已经默认勾选【安装计算机运行时应用以连接到 Power Automate 云门户。】复选框，所以不需要额外地安装计算机运行时，见图 1.11。本节主要演示如何启用计算机运行时、管理访问权限、删除计算机运行时。

1. 启用计算机运行时

（1）在 Windows 搜索栏中输入关键字 machine runtime，可查找并打开该应用，见图 7.27。

（2）首次登录时需输入电子邮件地址，输入完成后单击【登录】按钮，见图 7.28。

（3）成功登录后进入【计算机设置】界面，在该界面中可查看【名称】与【计算机环境】，单击【在门户中查看计算机】超链接可跳转至云门户主页，见图 7.29。

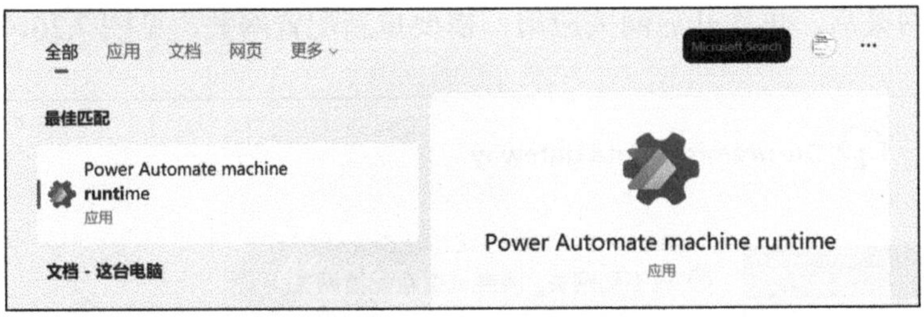

图 7.27　启用计算机运行时

图 7.28　通过电子邮件地址登录计算机运行时

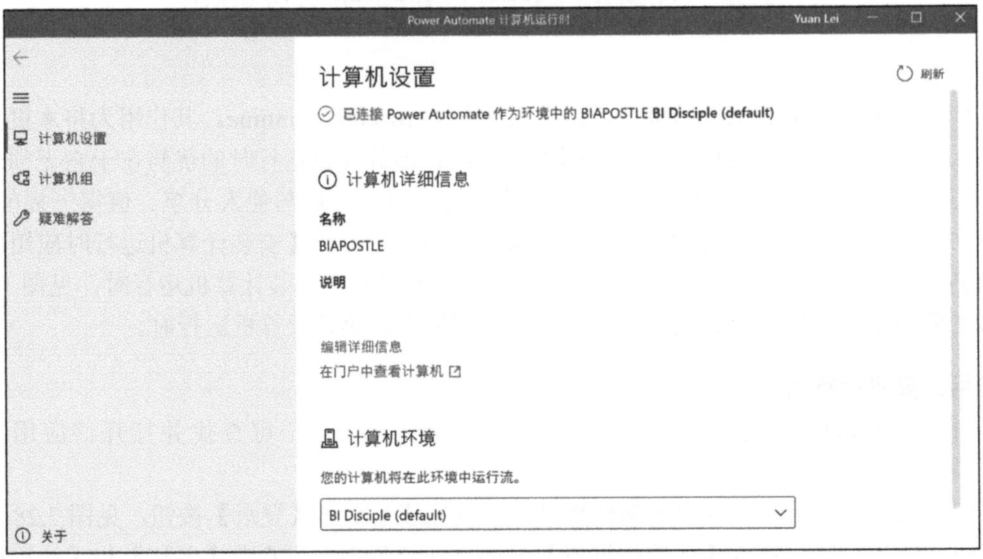

图 7.29 【计算机设置】界面

2. 管理访问权限

（1）单击图 7.29 中的【在门户中查看计算机】，跳转至【计算机】界面，在此可查看对应计算机，见图 7.30。

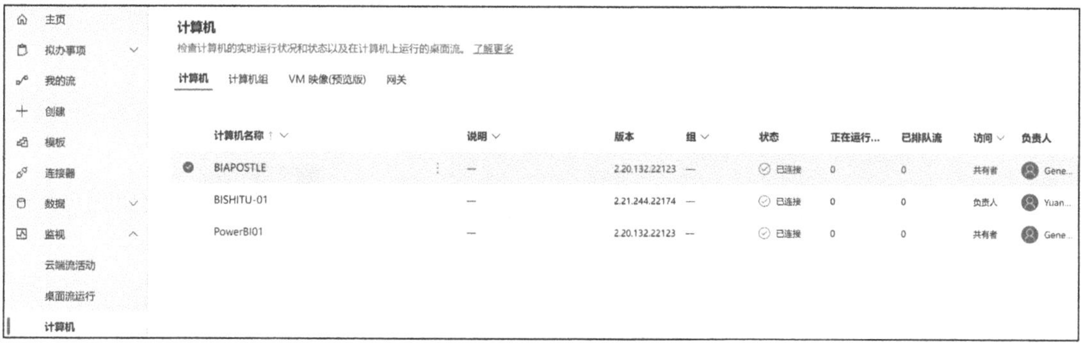

图 7.30 跳转至云端流【计算机】界面

（2）选中计算机，单击【管理访问权限】按钮①，输入【添加人员】②，选择权限③，单击【保存】按钮，见图 7.31。

图 7.31 将计算机与他人共享操作

3. 删除计算机运行时

（1）单击【删除计算机】按钮，在弹出的对话框中单击【删除】按钮，可删除计算机运行时，见图 7.32。如提示对话框所示，如果删除它，则会破坏针对该计算机的所有现有流和连接。

（2）再次启用计算机运行时，用户需要重新配置环境参数，见图 7.33 与图 7.34。

另外，用户可在云门户菜单栏【数据】-【连接】下查看所有的网关和计算机运行时相关的连接配置，见图 7.35。

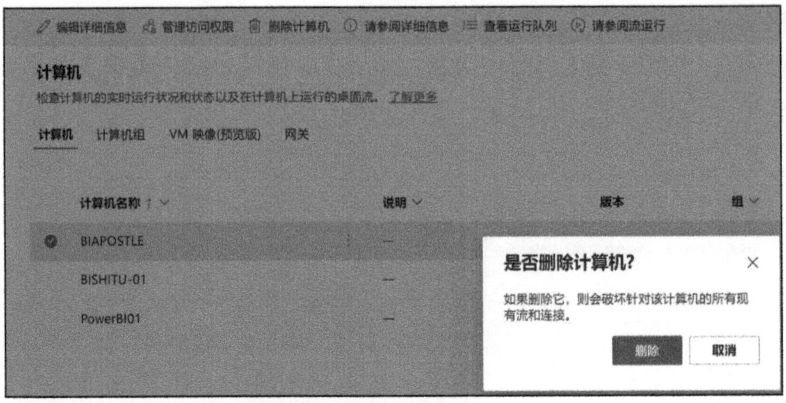

图 7.32　删除计算机运行时

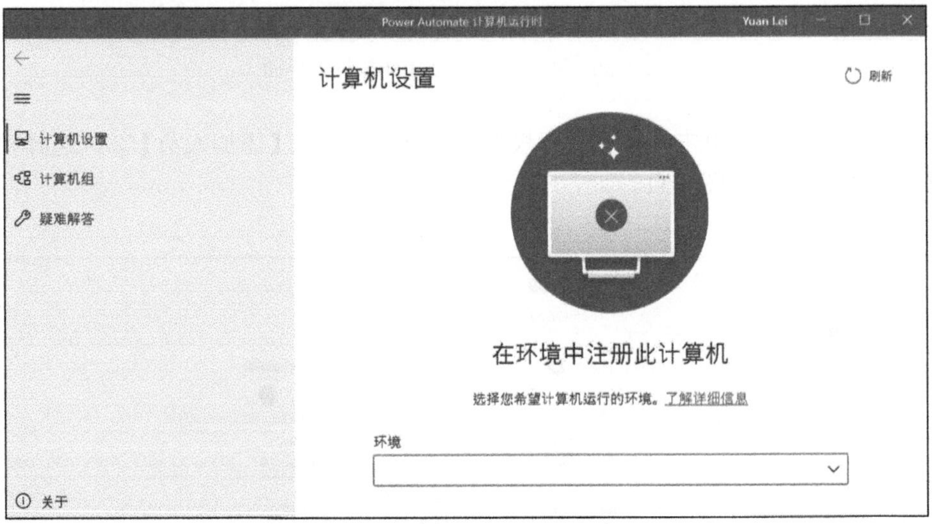

图 7.33　再次启动计算机运行时需重新在环境中登录

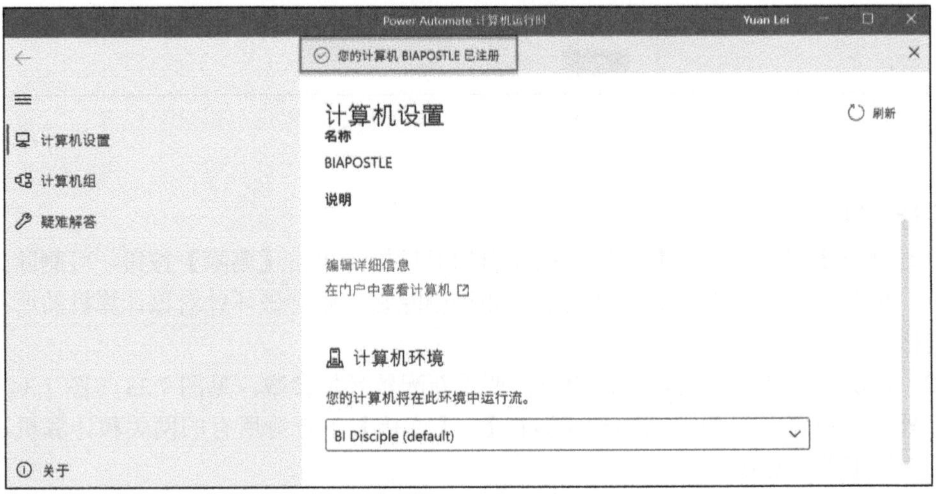

图 7.34　重新注册后的计算机运行时

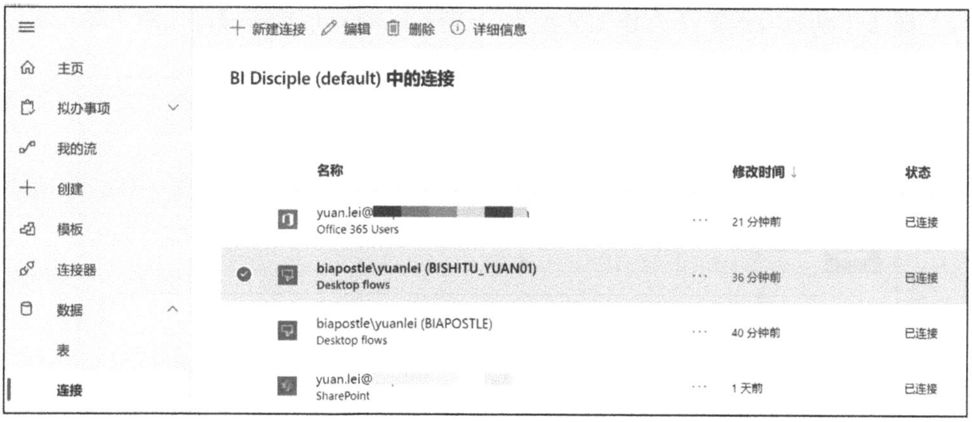

图 7.35 查看所有连接配置

7.5 计划运行桌面流

配置网关与计算机运行时的目的是连接线上与线下之间的数据，本节将演示用网关或计算机运行时将云端流和桌面流进行联动，通过云端流计划运行本书创建的“我的第一个 RPA 流”（打开 Excel 文档并自动关闭）。

1. 用网关计划运行桌面流

（1）首先在云端的界面选择我的流，选择【新流】-【即时云端流】，见图 7.36。

输入流名称，勾选【手动触发流】，单击【创建】按钮，见图 7.37。

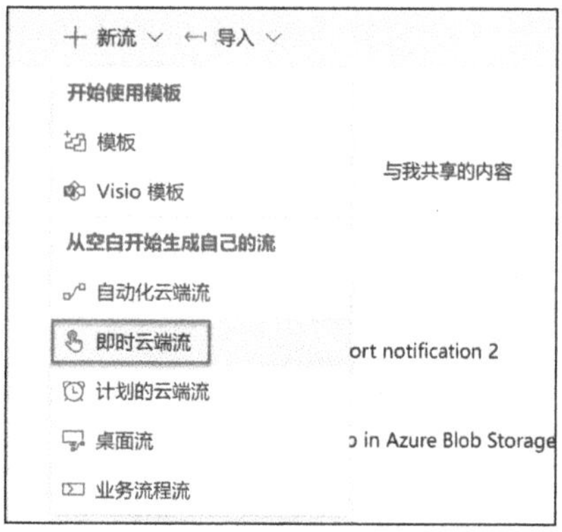

图 7.36 创建即时云端流

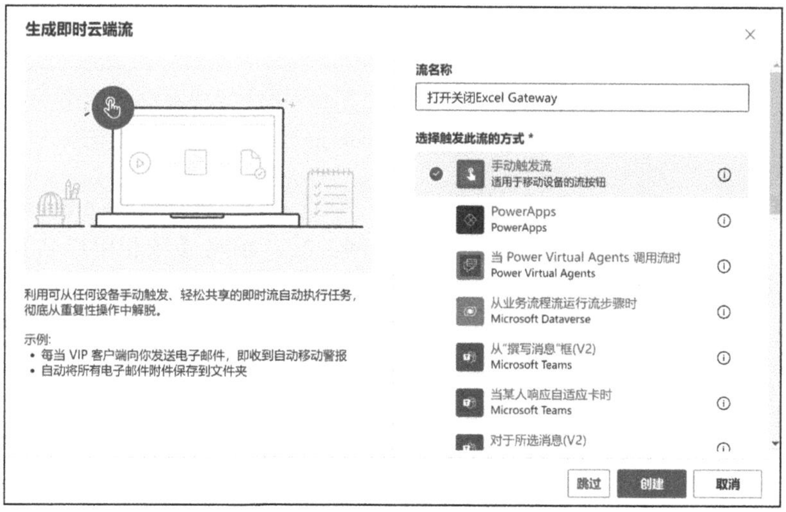

图 7.37 勾选【手动触发流】

（2）在【手动触发流】下方添加新步骤，选择【Desktop flows】，见图 7.38。

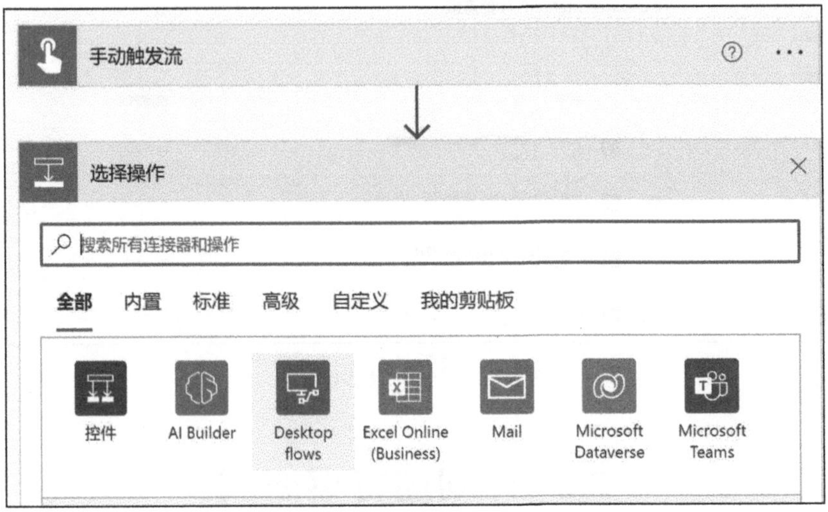

图 7.38　添加【Desktop flows】操作

（3）选择【操作】中的【运行采用 Power Automate 桌面版生成的流】选项，见图 7.39。

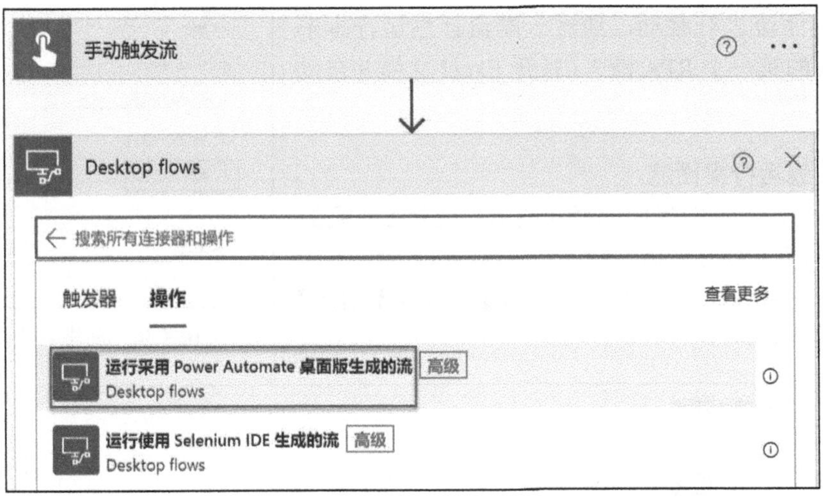

图 7.39　选择【运行采用 Power Automate 桌面版生成的流】选项

（4）在【桌面流】对话框中的【连接】中选择【Using an on-premises data gateway (deprecated)】①，【网关名称】选择之前创建的网关②，填写【域和用户名】③和【密码】（本机密码）④，单击【创建】按钮完成设置，见图 7.40。

（5）连接成功后，在【运行采用 Power Automate 桌面版生成的流】中查找桌面流，见图 7.41。

（6）选择【运行模式】为【有人参与 (在您登录后运行)】，单击【保存】按钮完成设置，见图 7.42。至此，我们便完成了使用网关连接方式的云端流触发桌面流设置。

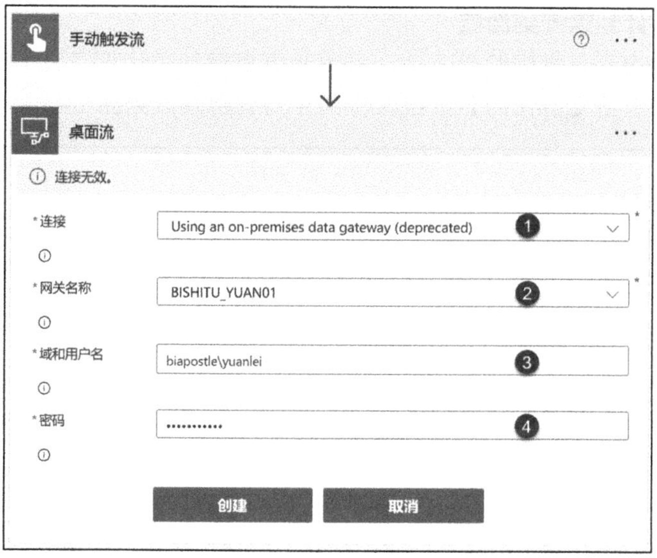

图 7.40 设置使用已有网关

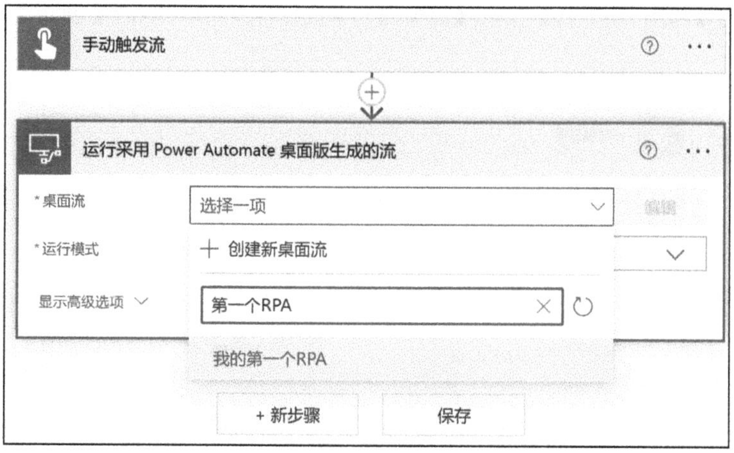

图 7.41 查找桌面流

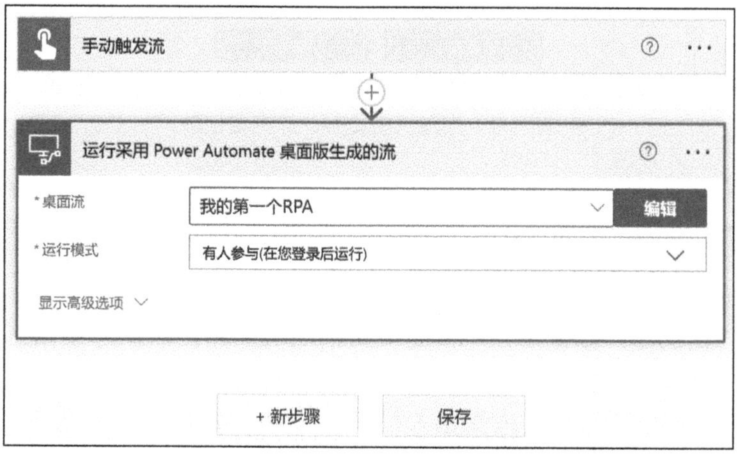

图 7.42 选择【运行模式】为【有人参与 (在您登录后运行)】

2. 用计算机运行时计划运行桌面流

（1）参照前文内容，我们稍微改动，采用计算机运行时计划运行桌面流。选中前文创建的即时云端流，单击【另存为】按钮，将其存为新副本，见图 7.43。

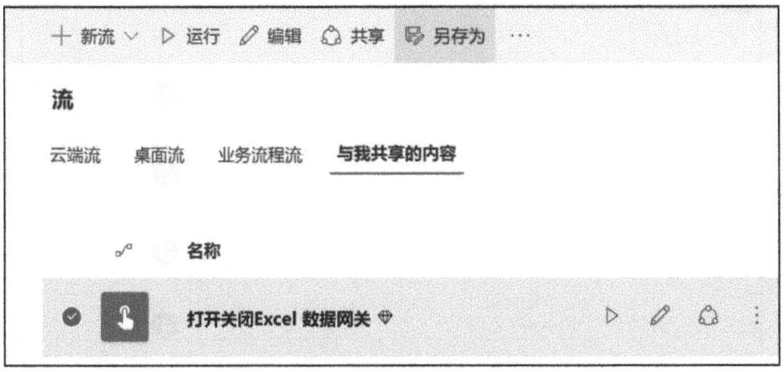

图 7.43 将桌面流另存

（2）编辑副本，在【桌面流】对话框旁的···图标下单击【添加新连接】，在新对话框中的【连接】中选择【直接到计算机】①，【计算机或计算机组】选择之前创建的计算机运行时②，填写【域和用户名】③和【密码】（本机密码）④，单击【创建】按钮完成设置，见图 7.44。

图 7.44 设置使用已有计算机运行时

（3）计算机运行时连接验证成功后，参照 7.4 节的内容可以完成剩余的配置步骤，保存云端流。至此，我们便完成了使用计算机运行时连接方式的云端流触发桌面流设置。

3. 用户查找本机的域名和用户名

（1）值得一提的是，如果用户不确定本机的域名和用户名，可在 Windows 搜索栏中打开命令提示符窗口，见图 7.45。

（2）打开命令提示符窗口，或在输入栏填写 cmd，按 Enter 键，系统将返回域名和用户名信息，见图 7.46。

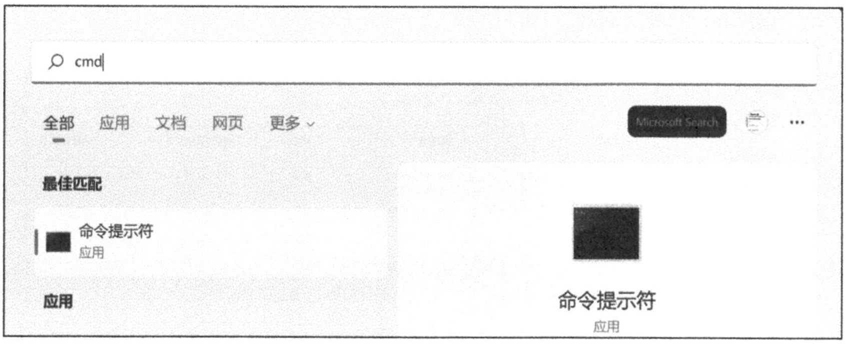

图 7.45 打开命令提示符窗口

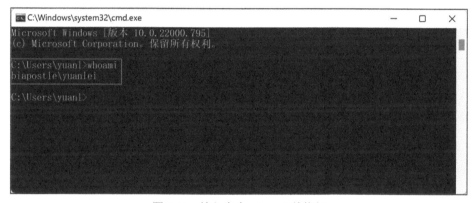

图 7.46 输入命令 whoami 并执行

4. 运行即时云端流

完成云端流的设置之后，我们以移动设备端为例，开启 Power Automate 应用，在【按钮】界面下单击对应的即时云端流按钮，观察云端流与桌面流的联动，见图 7.47。

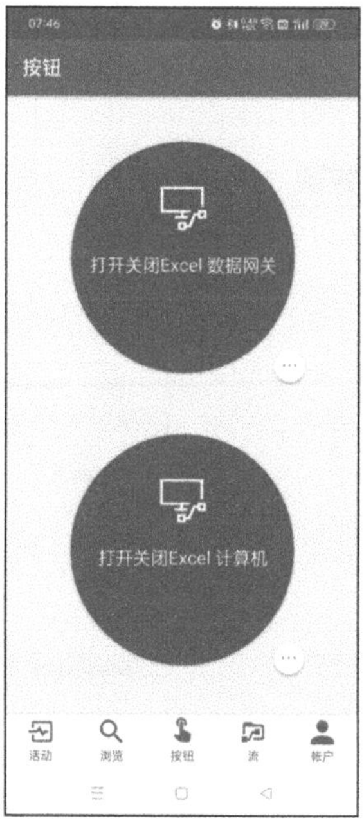

图 7.47 在移动设备端打开 Power Automate 应用的界面

7.6 监视桌面流历史

7.5 节演示了通过云端流运行桌面流。我们可以在【桌面流运行】界面查看桌面流运行的历史记录详情，并可对其进行编辑。

（1）在云门户菜单栏单击【监视】-【桌面流运行】，查看桌面流历史记录，见图 7.48。

（2）通过字段，我们可以对历史记录进行筛选，例如选择【状态】-【筛选依据】，见图 7.49。

（3）在左侧筛选栏中勾选【失败】状态，单击【应用】按钮完成设置，见图 7.50。

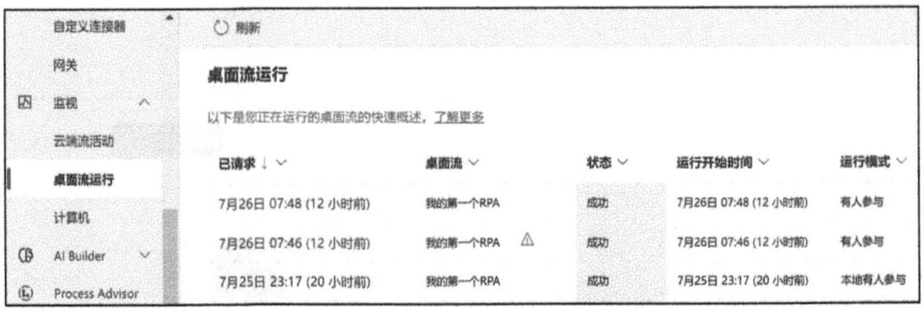

图 7.48　在【桌面流运行】界面中查看桌面流历史记录

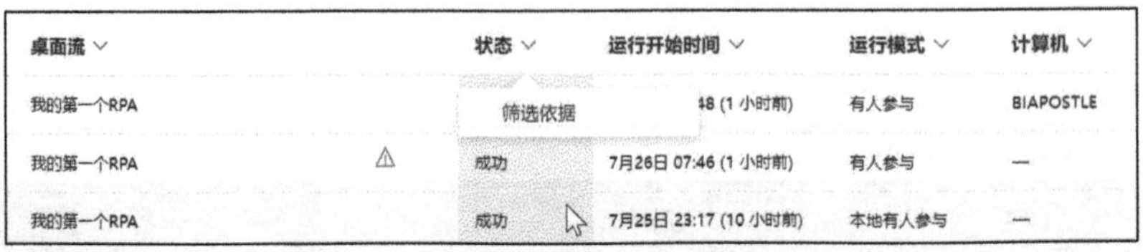

图 7.49　对桌面流历史记录进行筛选

（4）此时历史记录只会显示状态为失败的记录，见图 7.51。

（5）单击失败的记录，在新界面下可查看失败流的详情，并可单击【编辑】按钮修改桌面流，见图 7.52。

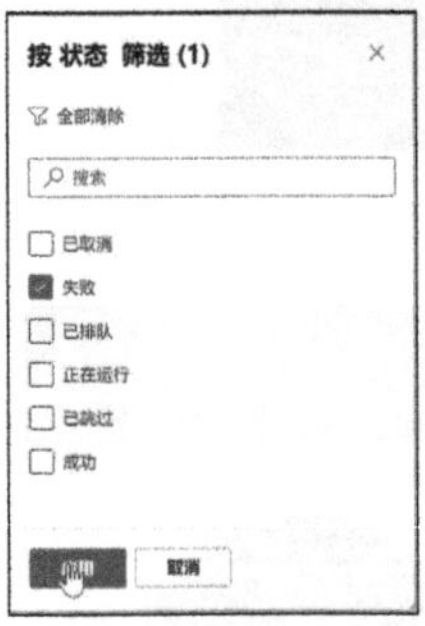

图 7.50　筛选失败的历史记录

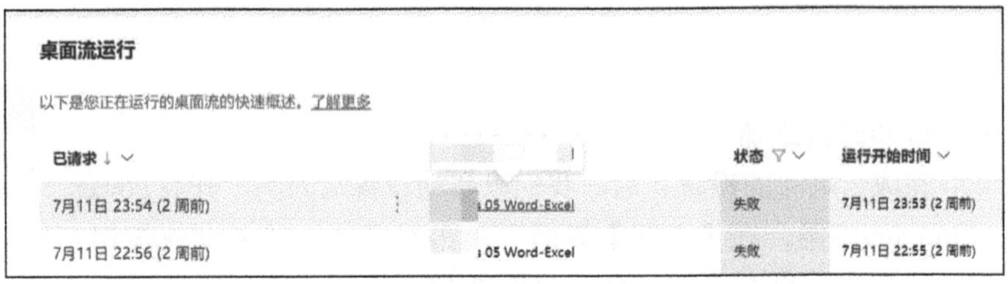

图 7.51　查看筛选状态为失败的记录

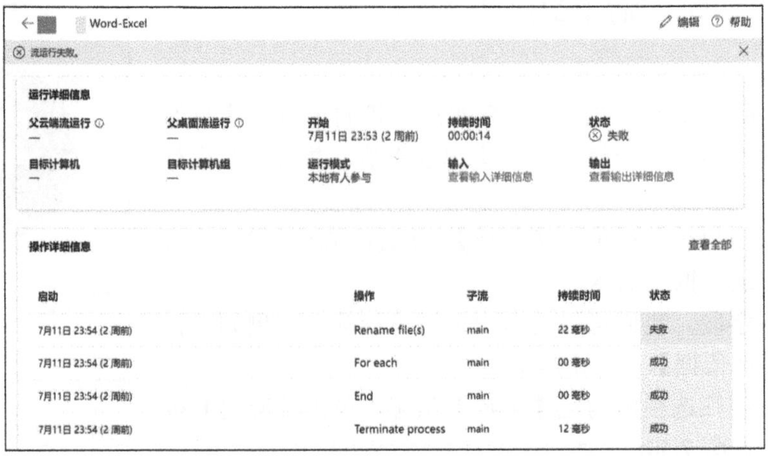

图 7.52　查看失败流中的详细信息

【本章小结】

本章主要介绍了关于桌面流的分享以及如何创建解决方案。同时演示了安装、设置网关与计算机运行时的方式，两者均可用于云端流与桌面流的数据连接，也提供了具体的演示。本章还介绍了如何查看桌面流的历史记录。

第 8 章 综合示例

在本章，我们将结合之前学习的操作知识点，以综合示例的方式，加深读者对桌面流使用的理解，进一步提高技能水平，做到活学活用。

8.1 自动批量生成 Excel 表格

图 8.1 所示为多只股票的历史价格信息，该信息是通过 Excel 函数 STOCKHISTORY() 获取的，该函数只有在 Microsoft 365 中才可被使用。

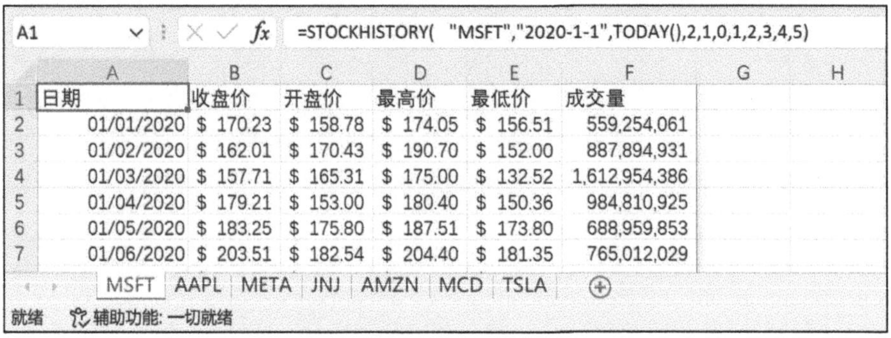
A1 =STOCKHISTORY("MSFT","2020-1-1",TODAY(),2,1,0,1,2,3,4,5)

	A	B	C	D	E	F
1	日期	收盘价	开盘价	最高价	最低价	成交量
2	01/01/2020	$ 170.23	$ 158.78	$ 174.05	$ 156.51	559,254,061
3	01/02/2020	$ 162.01	$ 170.43	$ 190.70	$ 152.00	887,894,931
4	01/03/2020	$ 157.71	$ 165.31	$ 175.00	$ 132.52	1,612,954,386
5	01/04/2020	$ 179.21	$ 153.00	$ 180.40	$ 150.36	984,810,925
6	01/05/2020	$ 183.25	$ 175.80	$ 187.51	$ 173.80	688,959,853
7	01/06/2020	$ 203.51	$ 182.54	$ 204.40	$ 181.35	765,012,029

图 8.1 手动方式生成的股票历史价格信息

STOCKHISTORY("MSFT", "2020-1-1", TODAY(), 2, 1, 0, 1, 2, 3, 4, 5) 为示例函数，其中的 "MSFT" 为变量部分。如果我们需要获取多家公司的股票信息，则需要手动逐次创建工作表并输入对应的公式，但通过本示例中的桌面流，我们则可以一次动态生成所有股票历史信息。桌面流的大致逻辑为读取股票列表中的股票代码信息，获取 Excel 中的股票列表信息，通过循环按股票列表逐次创建工作表并且写入股票信息，最终保存并关闭 Excel 文档，图 8.2 所示为示例桌面流的流程图。按照该流程，我们在 Power Automate Desktop 中创建对应的桌面流，见图 8.3。注意，为方便读者阅读，本章所有流程图中的序号与实际桌面流步骤号保持一致。

桌面流中的第 1 步打开包含股票代码列表的 Excel 文档，第 2 步设置【StockNames】工作表为活动工作表，第 3 步获取 A 列中的第一个空闲行【第 9 行】，第 4 步读取从 A2 单元格到 A8 单元格的股票信息，见图 8.4。

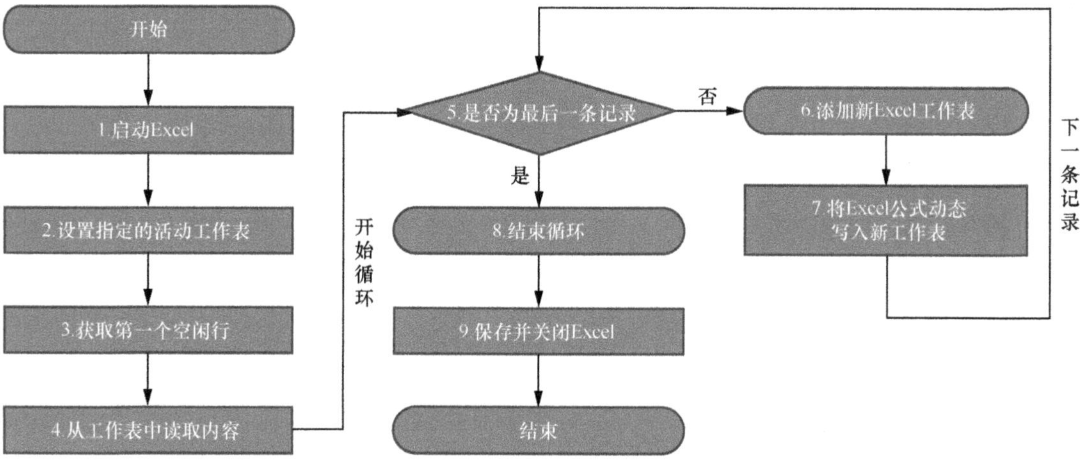

图 8.2　示例桌面流的流程图

图 8.3　桌面流中具体执行步骤

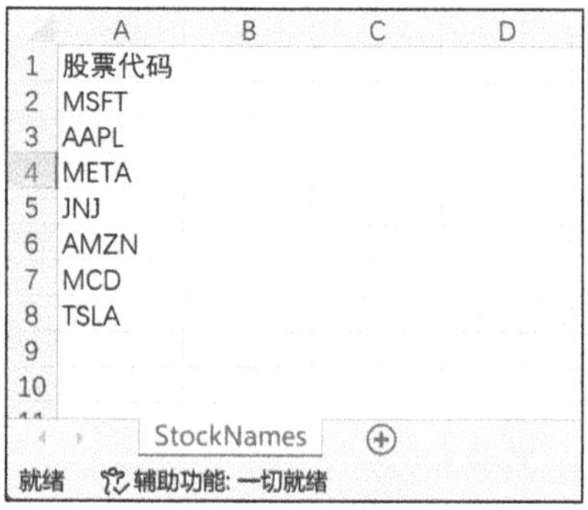

图 8.4　含有股票代码列表的工作簿

在第 6 步中，我们用读取的 %CurrentItem% 变量名称添加新工作表，见图 8.5。

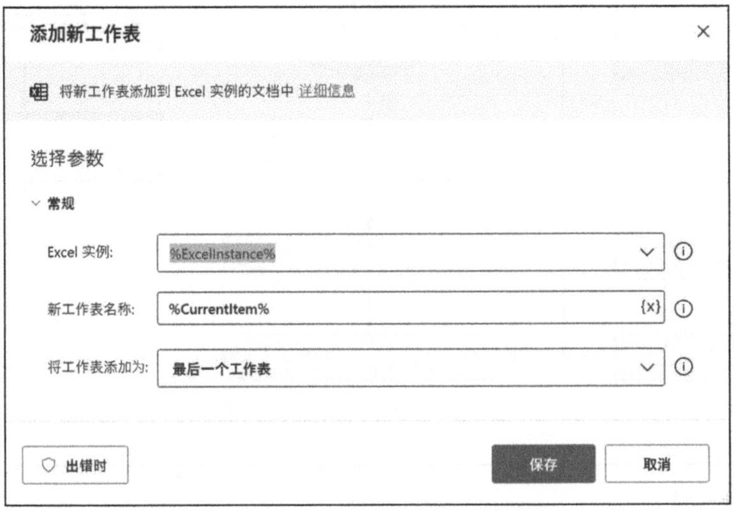

图 8.5　以动态变量名称创建新工作表

在第 7 步中，我们把 %CurrentItem% 变量作为参数将 STOCKHISTORY() 函数写入 A1 单元格中，见图 8.6。

图 8.6　以动态变量设置新公式的参数

当执行完桌面流时，打开目标 Excel 文档，观察新产生的工作表以及其中的 Excel 公式。因为 Power Automate Desktop 操作写入的公式中会自动添加 @，导致公式无法生效，所以我们需要将 @ 统一删除，见图 8.7。

在 Excel 中启用查找和替换功能（按 Ctrl+F 快捷键），在【替换】选项卡中设置【查找内容】为【@】，设置【范围】为【工作簿】，单击【全部替换】按钮，见图 8.8。

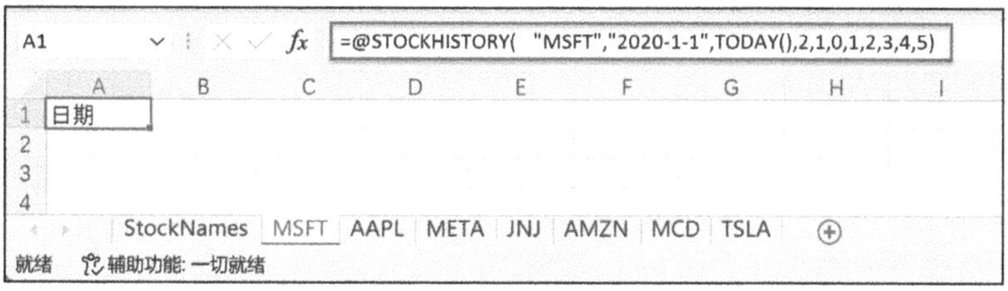

图 8.7　执行完成后的结果

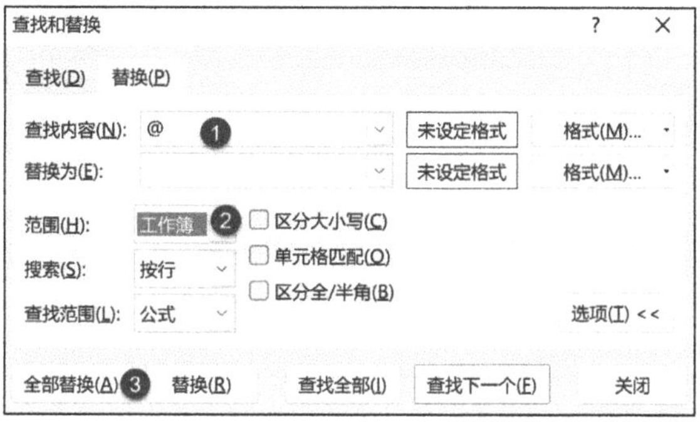

图 8.8　使用 Excel 中的查找和替换功能去除 @

完成后，返回工作簿，可以看到所有完整的股票历史数据，见图 8.9。至此，我们便完成了自动批量生成股票历史价格信息的处理。

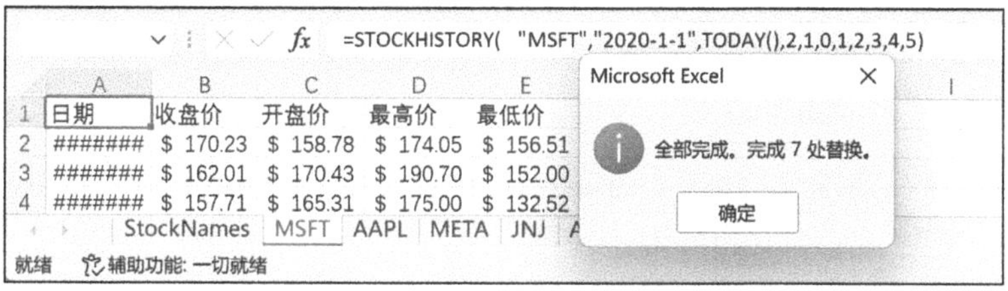

图 8.9　替换完成后的效果

8.2　自动批量发送 Outlook 邮件

图 8.10 所示为应聘者信息的表格，其中包括应聘者的姓、名、出生年月、性别等。在没有自动化的情形下，我们需要手动逐条发送信息给表中的应聘者，而通过 Power Automate Desktop，我们便可以通过 Outlook 自动批量发送 Excel 中的关键信息给对应的应聘者。

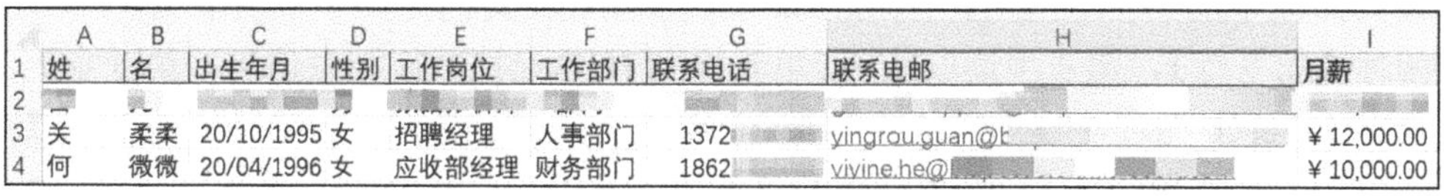
姓 名 出生年月 性别 工作岗位 工作部门 联系电话 联系电邮 月薪
关 柔柔 20/10/1995 女 招聘经理 人事部门 1372 yingrou.guan@ ¥ 12,000.00
何 微微 20/04/1996 女 应收部经理 财务部门 1862 vivine.he@ ¥ 10,000.00

图 8.10　应聘者信息的表格

图 8.11 所示为示例桌面流的流程图，按照该流程，我们在 Power Automate Desktop 中创建了对应的桌面流，见图 8.12。

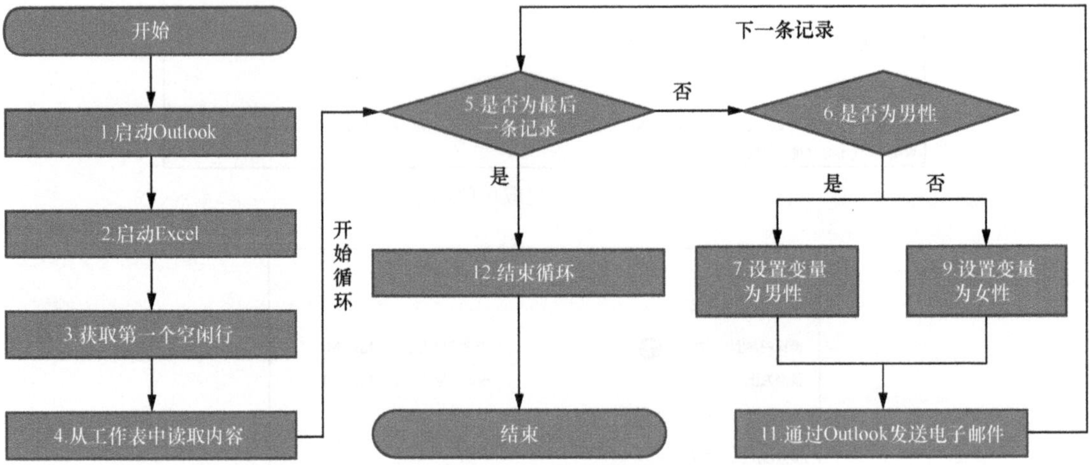

图 8.11　自动发送邮件的示例桌面流的流程图

图 8.12　桌面流示意

该桌面流中的第 1、2 步打开 Outlook 应用和 Excel 文档，第 3 步获取 A 列中的第一个空闲行【第 5 行】，第 4 步读取从 A2 单元格到 I4 单元格的应聘者信息。第 5 步到第 12 步是一个 for each 循环，其中第 6 步到第 10 步判断 Excel 中的性别字段值是否为【男】，见图 8.13。如果是则返回【先生】至变量【Gender】中，否则返回【女士】。

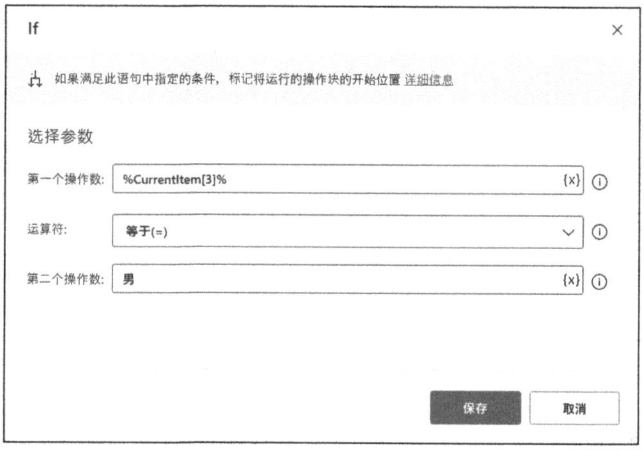

图 8.13　判断变量的值

图 8.14 所示为第 11 步中的具体设置，其中【收件人】的信息来自 Excel 表格中的【联系电邮】字段，【正文】更是引用了 Excel 表格中的多个字段以及变量 %Gender%。

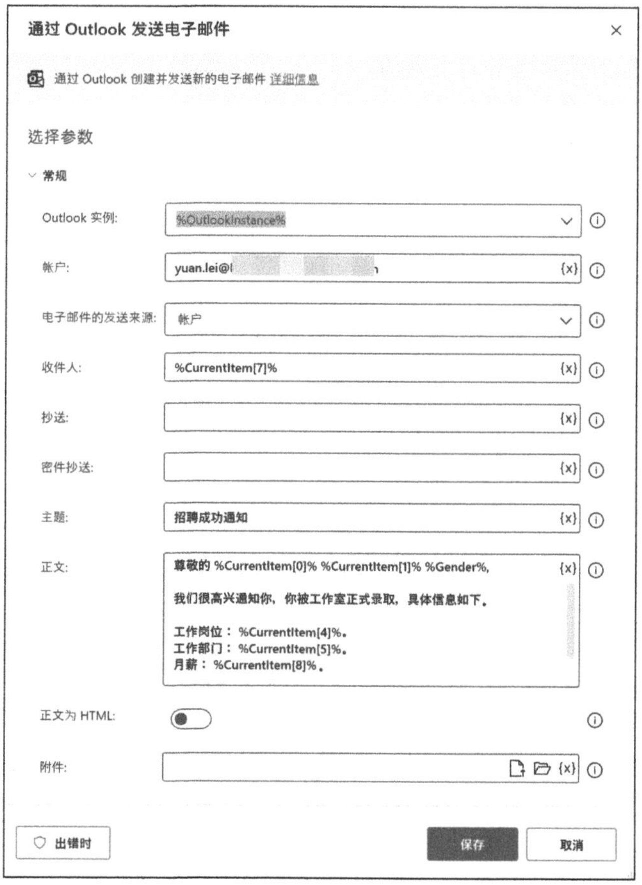

图 8.14　【通过 Outlook 发送电子邮件】操作的设置

执行桌面流，并在 Outlook 客户端中查找已经发送的邮件记录，见图 8.15。至此，我们便完成了自动批量发送 Outlook 邮件的处理。

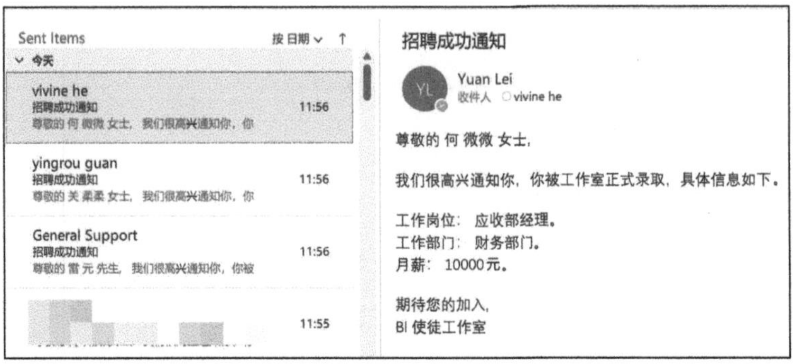

图 8.15 在 Outlook 中确认发送电子邮件

8.3 自动填写网页调研问卷

在第 5 章中我们演示了录屏自动填写调研问卷的方法，该方法只适用于静态的填充。图 8.16 所示为包含多个员工的调研问卷答案的 Excel 表格。通过本示例中的桌面流，我们可以动态、批量地填充调研问卷。

姓名	性别	Power BI	Power Apps	Power Automate
使徒	男	Yes	Yes	Yes
张灵灵	女	Yes		Yes
何微微	女		Yes	

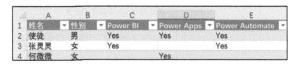

图 8.16 Excel 中的多个员工的调研问卷答案

桌面流的大致逻辑为判断 Excel 调研问卷的行数，通过循环逐行读取信息，然后按照预先设定的 UI 元素进行表格填充，并对单选按钮和复选框进行判断填选，直至循环结束。图 8.17 所示为示例桌面流的流程图，按照该流程图，我们在 Power Automate Desktop 中创建对应的桌面流，见图 8.18 与图 8.19。

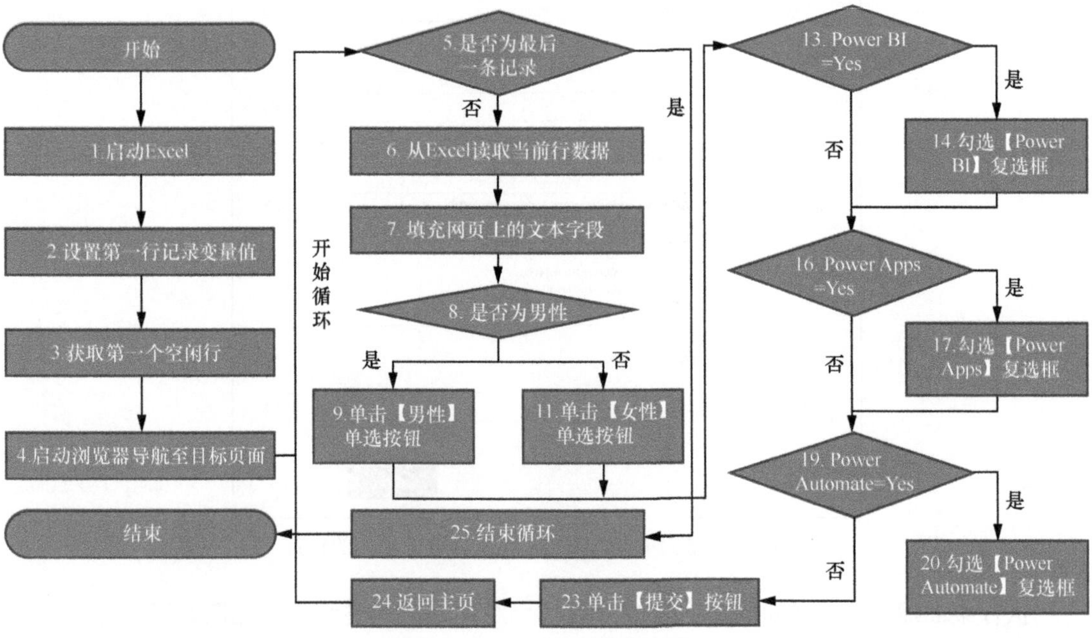

图 8.17 示例桌面流的流程图

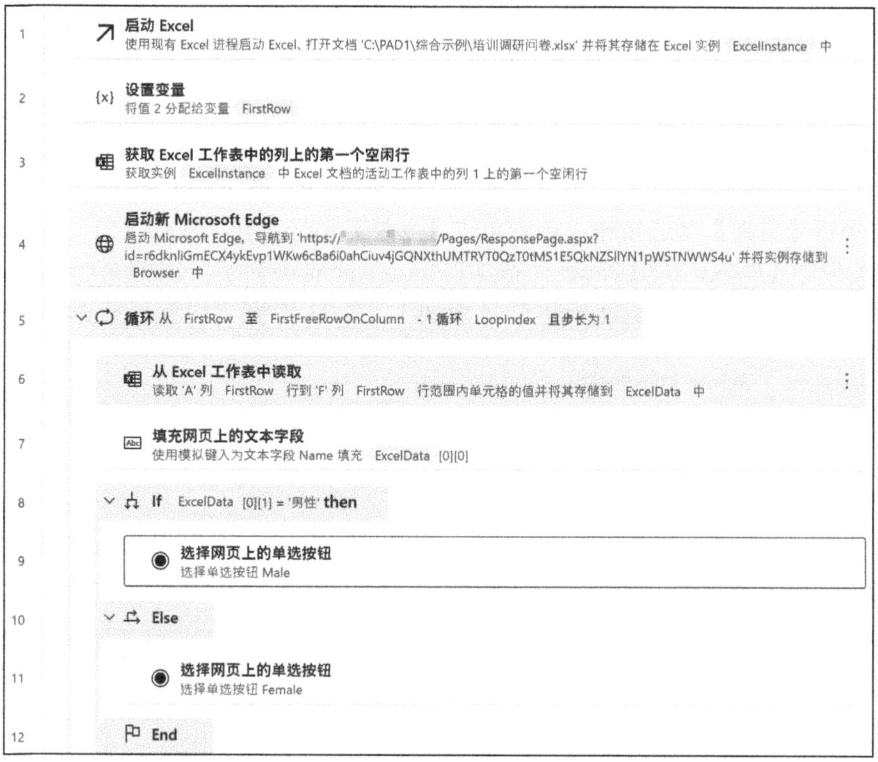

图 8.18　桌面流中具体执行步骤 1

图 8.19　桌面流中具体执行步骤 2

该桌面流中的第 1 步打开包含员工调研问卷答案的 Excel 文档。第 2 步设置变量【FirstRow】。第 3 步获取 A 列中的第一个空闲行【第 5 行】。第 4 步启动浏览器并跳转至调研问卷页面。第 5 步开始循环读取 Excel 记录行。值得注意的是，此例没有使用前例的【for each】，读者可对比二者的差异。第 6 步读取 Excel 中当前一行的记录，见图 8.20。第 7 步填充网页上的【您的名字】字段。第 8 ～ 12 步判断 Excel 中的【性别】字段值是否为【男性】，如果是则单击【男性】单选按钮，否则单击【女性】单选按钮，见图 8.21。第 13 ～ 21 步判断 Excel 中的【Power BI】【Power Apps】【Power Automate】字段的值是否为【Yes】，如果是则勾选对应复选框。第 22 步将变量增加 1。第 23 步提交问卷。第 24 步返回主页。

图 8.20 设置从 Excel 工作表读取单行记录

图 8.21 If 操作中的变量引用 %ExcelData[0][1]% 表示当前行第 2 列

执行该桌面流，观察桌面流自动批量填充网页调研问卷，见图 8.22。至此，我们便完成了自动批量填充调研问卷的处理。

图 8.22 根据 Excel 信息进行网页端填充的效果

8.4 自动批量从 Word 提取数据到 Excel

图 8.23 所示为一份 Word 格式的培训订单记录，其中包含 6 个字段信息。默认情况下，如果我们需要将其转换为 Excel 格式的，则需要逐份打开 Word 文档，然后将内容手动复制至 Excel 中，直至完成所有文档复制，见图 8.24。

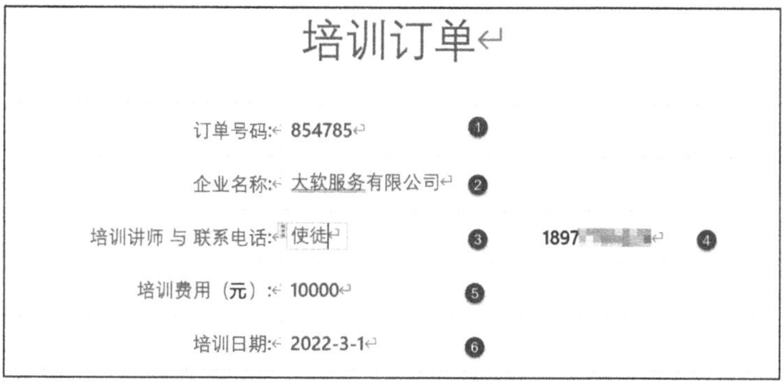

图 8.23 Word 格式的培训订单记录

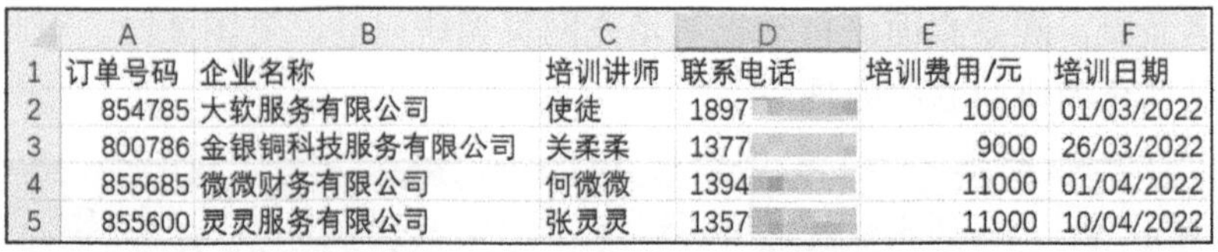

	A	B	C	D	E	F
1	订单号码	企业名称	培训讲师	联系电话	培训费用/元	培训日期
2	854785	大软服务有限公司	使徒	1897	10000	01/03/2022
3	800786	金银铜科技服务有限公司	关柔柔	1377	9000	26/03/2022
4	855685	微微财务有限公司	何微微	1394	11000	01/04/2022
5	855600	灵灵服务有限公司	张灵灵	1357	11000	10/04/2022

图 8.24　转换为 Excel 文档后的培训订单记录

通过本示例中的桌面流，我们可以一次性批量完成上述操作。该桌面流的大致逻辑为打开目标 Excel文档和获取所有 Word 文档，通过循环方式重命名当前 Word 文档并提取其中的 UI 元素，然后将提取数据逐个写入 Excel 中，关闭当前 Word 文档。图 8.25 所示为示例桌面流的流程图。按照该流程，我们在 Power Automate Desktop 中创建对应的桌面流，见图 8.26 与图 8.27。

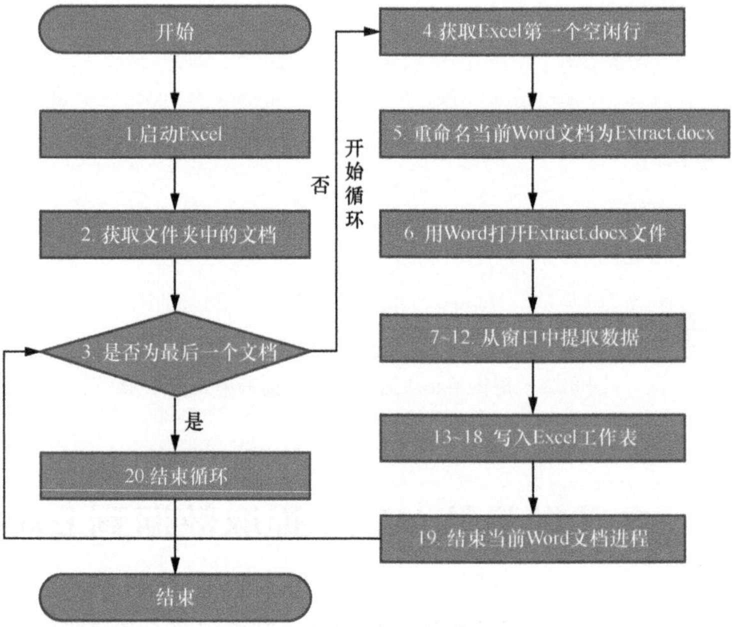

图 8.25　示例桌面流的流程图

该桌面流中的第 1 步打开目标 Excel 文档，第 2 步获取指定文件夹中的 Word 文档，第 3 步开始循环操作，第 4 步获取 Excel 中的第一个空闲行，第 5 步将当前的 Word 文档重命名为 Extract.docx，第 6 步打开 Extract.docx，第 7 ～ 12 步从 Word 窗口中读取目标 UI 元素值。第 13 ～ 18 步将提取的数据逐个写入对应的 Excel 单元格中，第 19 步终止 Word 文件进程，以便开启下一个循环。

前文已经介绍过通过按 Ctrl 键并单击捕捉 Word 文档中 UI 元素的方式，在此不赘述，见图 8.28。

图 8.29 所示为启动指定的 Word 文档，该操作自动生成变量 %AppProcessId%，表示文档程序 ID。

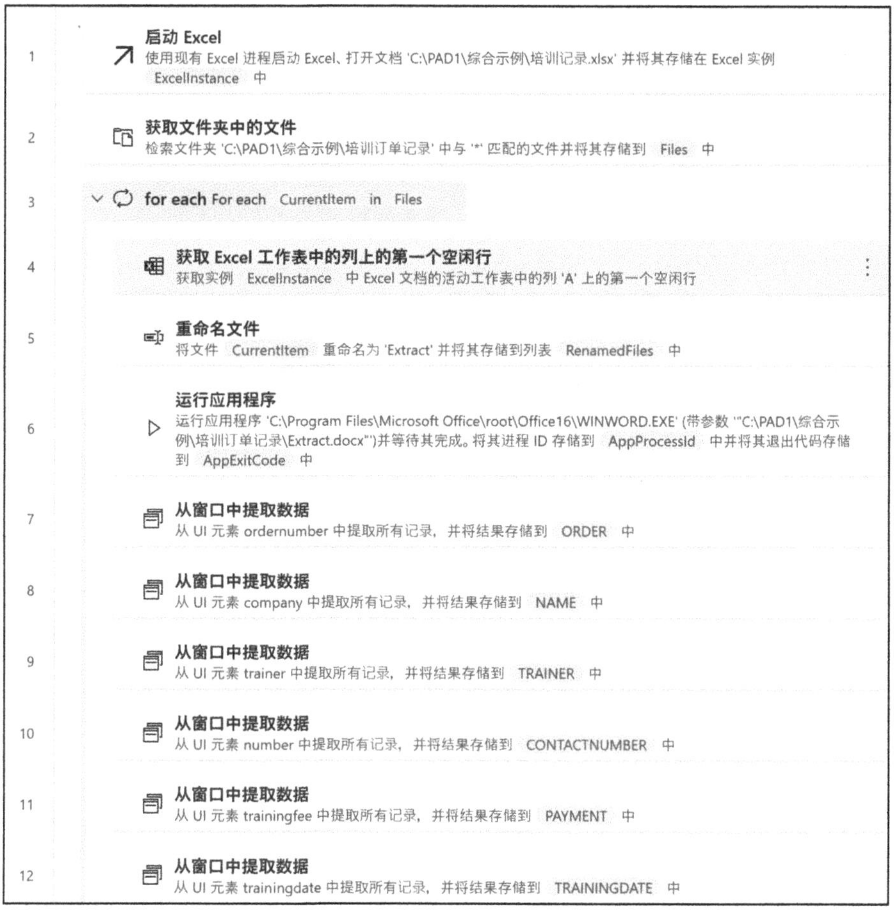

图 8.26 桌面流中具体执行步骤 1

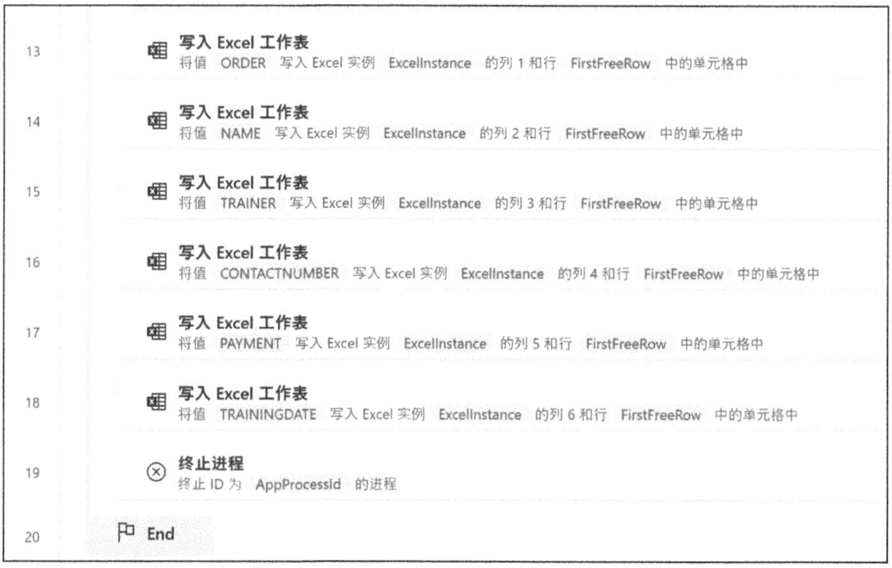

图 8.27 桌面流中具体执行步骤 2

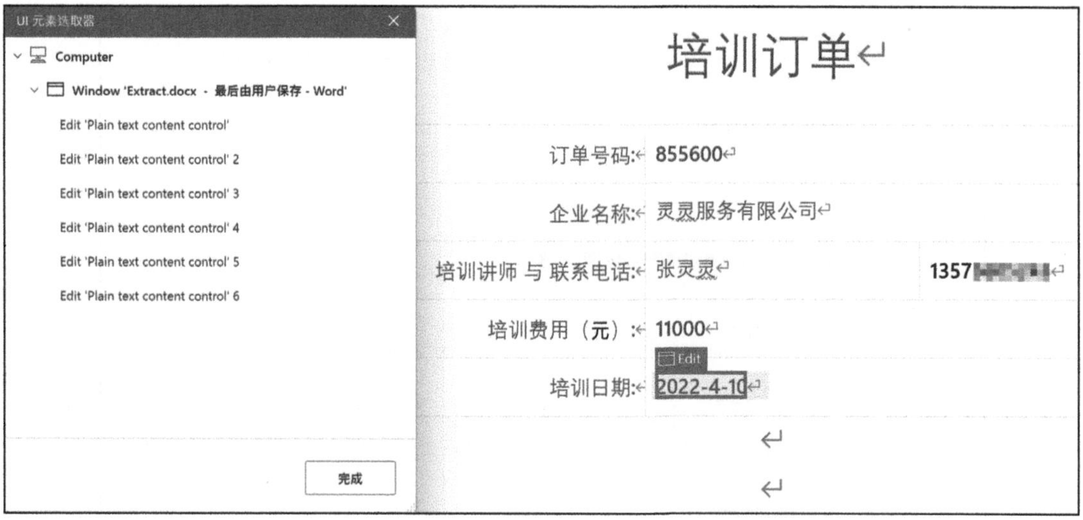

图 8.28　在 Word 文档中截取关键字 UI 元素

图 8.29　通过运行应用程序启动重命名的 Extract.docx 文件

填充 Excel 完毕后，【终止进程】操作将终止 Word 文件进程，其中的【进程 ID】值源于图 8.29 所示步骤中生成的变量，见图 8.30。至此，我们便完成了自动批量从 Word 提取非结构化数据写入 Excel 的处理。

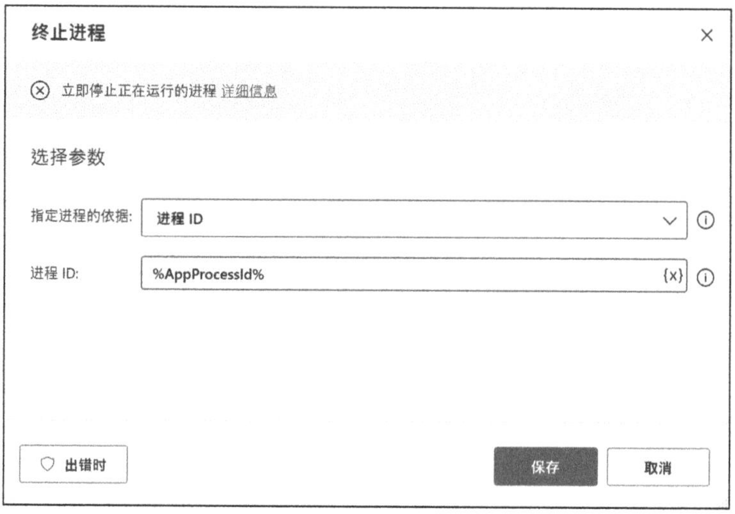

图 8.30 终止当前 Word 文件进程

【本章小结】

本章演示了数个综合示例，所有示例涉及的知识均来自之前的章节。将它们经过系统整合后，形成更加高阶的自动化解决方案，包括线下系统之间的数据自动化方案、线上系统与线下系统之间的数据自动化方案等，这些都是工作环境中的常见场景。希望读者通过本章的学习后，能在具体应用上举一反三，达到事半功倍的效果。